我真的很棒

建立稳定而有秩序的内心

丛非从 著

长江出版传媒 | 长江文艺出版社

目录

第四章　享受与他人的相处

用更简单，安静和沉静的内心对待生命中的每一个人。

第一章

处理自己的情绪，停止内耗

内在的战争正在消耗我们的能量

关于愤怒，你可能有个错误逻辑

1. 被愤怒不是你的错

很多人潜意识里有一个逻辑：你对我发火，就是在说我错了。

所以当别人对你发火，你就开始有情绪反应了：当你也觉得自己错了，你就会愧疚、自责，觉得自己不应该做错；当你觉得自己没错，你就会委屈、恐惧，继而愤怒——我又没做错，你凭什么对我发火？

这个语言依然在潜意识的逻辑里：只有我错了，你才能对我发火。如果我没做错，你就不能对我发火。

我们在给企业做培训的时候，经常强调最需要情绪管理的就是客服。他们经常被客户骂，却不能“怼”回去。关键有些客户明显是无理取闹，自己不合规定还要对客服发火。这些客服就很委屈。

被领导无端训诫的下属们也经常这样，因满腹委屈而哭鼻子，觉得自己没错，为什么要被领导骂。

以前没有觉察的时候，我也有这个逻辑。我在写文章的时候，经常被读者骂。骂得我很不爽，内心愤怒地对着他们大喊：我说错了吗？错了吗？你看明白了吗，你就骂？

怕被指责的人，通常不是因为无法接受别人的愤怒，而是无法接受别人用愤怒否定自己。

可是作为成年人，你扪心自问：你对别人感到愤怒的时候，真的仅仅是因为觉得别人做错了吗？

2. 愤怒是向下流的

我们只有去理解愤怒是如何形成的，才可能应对别人的愤怒。

实际上，愤怒是向下流的。

在一个系统中，愤怒会自动从较强的一方流向较弱的一方。如此你就可以理解很多种愤怒了。

在家庭生活中，父母会因为小事而发大火，通常是因为父母心里有团火无处可发，所以要流向更弱的个体。孩子比父母弱势，愤怒就更容易从父母流向孩子。

如果爸爸妈妈不是威严的人，孩子长大的过程中就能感知到他们的软弱，就会成为“熊孩子”，从而对父母发泄愤怒。

如果爸爸妈妈非常强势，小孩子被骂后内心的愤怒无法倒流，就会虐待小动物。这就是“踢猫效应”。因为猫比孩子弱，所以愤怒就流向猫了。但是，猫错了吗？我们看到很多触目惊心的虐待动物、报复社会事件，其实是因为那些人内心的很多愤怒无处发泄。

城管会对小商贩愤怒，这种愤怒通常会超出执法的范围和程度，因为城管到了商贩面前，变成了“强者”。

客户会对客服发火，很多情况下不是因为客服做错了什么，而是客户心里有团火，发给客服最安全。客服的“人设”就是“低人一等”。虽然你可能不太喜欢这四个字。

有时，领导对员工无缘无故发火，是因为领导在系统中是员工的上级。

打老婆的男人，是因为在社会上他本身是弱者，愤怒无法流动，他们只有到了老婆面前才强大了点。而能征服社会的男人，则可以宠老婆了。所以从这个角度来看，妈妈都希望女儿嫁人要嫁在社会上混得好的，这不是因为势利，而是因为混得好的男人有别的地方可以释放愤怒。

愤怒是从强者流向弱者的，并非从正确流向错误。但是系统的能量流动，总得有个表现形式，这个外在的表现通常会以对错为寄托。

对错只是寄托愤怒流动的形式，而非本质。

强者不一定是客观上的强。只要他潜意识里那一刻认为比你强大，他的愤怒就会流向你。你能“怼”回去是另一回事，说明你有愤怒能力，那一刻你认为自己比他更强。

3. 平等 vs 等级

人与人之间的模式有两种：平等模式与等级模式。

① 平等模式的系统核心是尊重。

在平等模式中，我们彼此平等，大家只是社会分工不同，但人格绝对平等。在家庭系统中，我可以赚钱比你少，干活比你少，但我们人格平等。在工作系统中，我可以职位比你低，权利比你小，但我们人格平等。

“平等”两个字说起来容易，但是对人的理性和人格的要求都非常高。

我们的社会，本质上是等级系统的社会。无论我们怎么呼吁，人人平等也好，人权平等也好，绝对的平等模式都是个理想化的存在。

② 等级模式的系统核心是权力。

大致上来说，领导比员工更有权力，父母比孩子更有权力，甲方比乙方有权力，消费者比商家更有权利，粉丝比明星更有权力，资源多的人比资源少的人更有权力，道德上风的人比道德下风的人有权力，懂得多的人比懂得少的人更有权力，做对的人比做错的人更有权力。当然这个不绝对。

更有权力的人，就处于系统的上层，就更有“发火权”。

在等级系统中，权力方和被权力方有两条关系线：明线：在事情上，你要按照我说的去做，在事情层面上照顾好我。暗线：

在情绪上，你要接住我的愤怒并自行消化，在情绪层面上照顾好我。

情商低的人，只能看到明线，吭哧吭哧做事情，执行任务，像个愣头青。情商高的人，能看到暗线，会把权利方的情绪也照顾好。

所以情商高的人自然就比情商低的人混得好，低情商者则抱怨着：就会拍马屁，没什么真本事。

在家庭中，干活更多的那个人好像更高级，就自然具备了更大“发火权”。所以他干了很多活，你就要在明线上配合好他一起干活，暗线上你就要老老实实接受他的批评和愤怒。挣钱更多的那个人也是这种情况。

所以有人无缘无故对你发火，只是因为他潜意识里认为你比他弱。实际上在这个系统里你不一定比他弱。

4. 怎么办

应对别人愤怒的方式，体现了一个人的情商。情商从低到高，对应的应对方式依次为：

① 委屈。

② “怼”回去。

③ 回避。

④ 消化。

消化别人的愤怒，不是你的义务，但体现的是你的情商。前三种不多介绍了，想必你已经很熟悉了。我们主要谈如何轻松消化别人的愤怒，成为高情商的成功人士。

第一步，区分。

首先你要知道：有时，发火代表一种权力，无关对错。

即使你是错的，只要你更有权力，你可能也会成为对的，而不会被发火。即使你是对的，只要你没有权力，你可能也会成为错的，而被发火。

因此，当面对别人发火的时候你就会知道，在他的世界里，他认为自己比你高级。

当你能明白，发火有时与对错无关的时候，你就能进入情商的领域了。

第二步，自问。

你要问自己：我离得开他以及这个系统吗？

如果你离得开，你就可以反抗了。你可以拍桌子、发火、扔鸡蛋、争辩，花式反抗都可以。懒得反抗，你就拉黑、绝交、远离、分手都行。这几种方式，都可以让他的愤怒在你这里终止。

如果你离不开，那就需要隔离了。情感隔离，是应对愤怒非常好的方式，就是让别人的愤怒经过你，但不停留。你只要认清楚这个情绪跟你没关系，你就可以隔离掉了。他们只是在对这个角色发火，并不是你。这个角色换个人，他也会找理由发火的，跟你没关系。

人在什么时候离得开，什么时候离不开呢？

这就取决于你对他人的需要是否是刚需。孩子只能默默接受父母发火，因为需要父母提供爱和粮食。员工只能接受老板发火，因为需要老板提供薪水和职位。学生只能接受老师发火，因为还得在这里上学。明星只能接受粉丝发火，因为需要粉丝提供支持。

当你不需要他人的时候，你就可以远离或反击了。当你需要他人的时候，就忍忍吧。人家给你钱、资源、安全感等，你就要让人家情绪“爽”一下。这是暗线的交换，别要太多了。

第三步，原谅。

你对别人的愤怒起反应，通常是这激活了你的“弱小”。

如果你愿意，你可以尝试看到并原谅小时候那个弱小的自己。你可能也经受过别人无端的怒火，那时候你十分弱小，不得不认为是自己的错，然后拼命改正自己以消除别人的愤怒。但是现在不一样了，你长大了，别人的情绪，不需要你负责了。

第四步，抱持。

更高的情商，是消化别人的愤怒。

他人莫名其妙的愤怒，你最多有10%的责任。但是如果你看到他的愤怒来自别处，你就理解了他。他给你愤怒，你还以抱持，你就做了他的容器。他的愤怒就会降下来，并因此产生愧疚心，从而对你心生感激。

抱持不是忍让，而是以独立姿态，不带委屈地看着一个“宝宝”在那哭。等他哭完了，你用成年人的方式安慰他，告诉他：乖，你真可爱。

抱持，是一种情商力。

消化别人的愤怒，不是你的义务，但却是你的情商。不要抱怨别人为什么把愤怒情绪给你。你需要他，就要接受。不需要他，就离开。

不要抱怨别人为什么不接住你的愤怒，你要问自己：你能给他什么，让他愿意为你接住愤怒？

不要抱怨别人为什么不尊重你，你要问自己：你有什么资本，让别人尊重你？

化解愤怒，只需四个字

1

你生气过吗？

会对谁生气呢？

生气的时候，你在想什么呢？

你怎么处理自己的愤怒呢？是习惯压抑，还是发泄？

你最近一次生气，是什么时候呢？

我想起的生气事件有很多。

对爸爸妈妈有很多愤怒。过年回家的时候，对妈妈最多的愤怒就是：能不能不要管我，不要这么唠叨，不要同样的一句话反复说，不要喋喋不休变着法子地催我结婚。

对咨询师有很多愤怒。为什么我花这么多钱来找你，你都不能理解我？为什么你不能对我主动点？为什么你不能专业点，要像新手咨询师一样犯这么低级的错误？

对同事会有很多愤怒。有次约了同事去见一位客户，他居然迟到了。我的怒气差点全都撒给客户。

对路人的愤怒也不少。比如路怒症。

……

说了这么多，感觉我这个不著名的心理咨询师的“修行”还差很多，经常自己气鼓鼓的。

我其实最愿意回答别人这样一个问题：你们心理咨询师也会生气吗？不仅会，而且会炸毛。比如我现在对这个问题就很生气。

我也见过、遭受过别人的愤怒。

对伴侣的愤怒。嫌弃老公不洗碗、不争气、不上进等。

对孩子的愤怒。嫌弃孩子笨、不听话、自控力低、拖延等。

对我们的愤怒。作为心理咨询师，我们经常收到客户的愤怒，你们是做心理的，为什么这么不通情达理？

2

对于愤怒，有很多应对的方法：发泄、转移、升华、压抑……

升华的意思，就是把愤怒使用起来，变成价值。比如说化愤怒为力量。

升华还有一种表现形式，就是转化为对自己的了解、自我的成长。

愤怒的表面意思就是：都是别人的错，都是别人不好。可是你有没有想过，别人的错那么多，为何你偏偏在乎这个；错的人那么多，为何你偏偏在乎他。他的错，跟你有什么关系？你为何如此介意？

鸡汤学家说：愤怒，就是拿别人的错误惩罚自己。那人类为何要如此傻呢？这显然不符合上帝对人类的出厂设置。

你之所以这么介意愤怒，答案只有一个：他的错，影响到了你。如果没有波及你，你才不会那么介意他到底错没错。

换句话说，就是如果他不做错，我就不会受伤，就不会有损失。所以，愤怒的意思就是，你要为我负责。简而言之就是：我需要你。

我为什么需要你来为我负责呢？因为我自己做不到，我保护不了自己，我照顾不了自己，我无法对自己负责，所以我需要你来替我负责，你来照顾我。

我们对别人的愤怒，都是对自己的愤怒的向外转移。我们自己做不好，对自己有愤怒，但我们不能承认对自己的愤怒，就只好把愤怒转移给他人。

3

我对妈妈的愤怒就是如此。我特别需要她不要强迫我，不要强行要求我去做她认为好的事情，我特别需要她能给我一点空间和自由。

但其实是我没有办法维持自己的界限，没有办法忽视她所说的，没有办法不带内疚地拒绝她。因为我很难坚持自己的想法，所以我才特别需要她不要要求我。

再往深看，我为什么需要她不要求我呢？她真不理我了我就开心了吗？

不会的。因为我更需要的是她不活在她的自以为是里，这样她就能看到我了，我需要被看见。

愤怒其实是我在呐喊：我需要你看见我，宠爱我。你不要沉浸在自己的世界里，你要看我啊，看我，看我。

这跟我对别人不主动的愤怒、不回我消息的愤怒、不专心跟我讲话的愤怒是一样的，都是在呐喊：你倒是看见我啊！

我对咨询师的愤怒也是，我需要你理解我，你要理解我，你要理解我。

当我大声对咨询师喊出我这个需求的时候，我就知道了这个愤怒的源头，其实是我从小就不被爸爸妈妈理解，他们只会让我做他们认为对的事，从来不理解我为什么做别的。

我没有得到过理解，也没有办法理清楚自己内心的拧巴，还无法表达自己，所以我多么希望咨询师通过理解我，成为我肚子里的“蛔虫”，把我内心的拧巴给消除了。

我对同事的愤怒亦是如此。他迟到了本来就是特殊情况，我自己去见客户也是一样的。可是，我自己面对不了，我社恐，我希望他陪我，帮我，给我支持。

他不在，我好害怕，一个人面对不了。他迟到，就让我失去了支持。我需要他保护我。我对他的愤怒其实是我在说：我需要你的保护，我怕。

我对路人的愤怒更搞笑。我胆小，开车不敢靠前车太近，于是经常被一再加塞。我没有办法做到跟前车不留空隙，我就希望路人照顾下我的胆小。每次被加塞，我心里就会想，你就不能遵守下规则吗？如果你遵守规则，我就被满足了啊。我对路人的愤怒就是在说：我需要你迁就下我，照顾下我。

客户对我们的愤怒也是。责怪我们为什么不灵活，为什么不开后门，实际上就是责怪我们为什么不迁就他，为什么不特殊照顾他。他希望从我们这里得到特殊照顾，得到自己是特殊的那种感觉，得到“我很重要，值得你们为我妥协”的感觉。

对不洗碗老公的愤怒：我这么累了，为什么你不体贴我，不安慰我，不帮助我？我多么需要你给我安慰和体贴。

对孩子的愤怒：为什么你自控力低，为什么你不够优秀？你这么笨，让我觉得我好无能，我是个失败的妈妈。你为什么不能优秀点，让我感觉我是个好妈妈，我是有能力的。我需要你给我价值感，告诉我我很棒，我是个好妈妈。

所有的愤怒都在说：我需要你。我好需要你。我真的好需要你。

我需要你照顾我，体贴我，理解我，安慰我，保护我，支持我，尊重我，重视我，看见我。我需要你满足我的这些心理需求。

你为什么不满足我？

为什么！

为什么！！

为什么！！！

4

你这么需要得到满足，其实是因为你匮乏。

让你愤怒的事情，只是个外在的事情。你每天从早到晚经历那么多事，为什么单单对某些事感到愤怒？

因为这些事，激活了两个东西：

①你内在的匮乏感。

②你内在的无能感。

你很想要，但是自己做不到，所以你想让别人给。别人不给，你就愤怒了。从来都没有人能伤害你。

你没有能力坚持自己，就会渴望被尊重，就会对别人的要求感到愤怒。

你怀疑了自己的价值，就会渴望被认可，就会对别人的否定感到愤怒。

你无法跟自己连接，就会渴望被陪伴，就会对别人的忽视感到愤怒。

你没能力为自己争取，就会渴望别人迁就你，就会为别人不让着你而愤怒。

没有需要，就没有伤害。

没有需要，就没有愤怒。

你之所以匮乏，是因为你从早年就开始匮乏。爸爸妈妈没有能力为你做，你也就没有内化出这种能力来。所以一直都匮乏着，长大后一有机会，就要问别人要。别人不给你，你就愤怒。

实际上这种愤怒，是你从小到大积压的对早年照料者的愤怒，因为他们没有好好对你，没有满足你。

愤怒是一种移情。就是你把早年照料者没给你的，向现在的客体去索取了。你把对早年照料者的愤怒，转移到现在的客体身上了。

而现在让你愤怒的这个人，只做错了一件事：撞枪口了。世界上没有单纯的愤怒，你对这个人愤怒，只不过因为他激活了你早年的创伤。

5

化解愤怒的根本方法：就是为自己的需要负责。有两个步骤：

第一步，透过愤怒，看到自己的需要到底是什么。

第二步，为自己的需要负责。此刻，我可以为自己的需要做点什么。

第一步，当你愤怒的时候，去听一听你的愤怒：

你到底希望对方怎么对你？

你的渴望是什么？

这种感觉熟悉吗？

谁曾经欠你的？谁没有为你做过？

我的意思并非不要你去愤怒，并非不要你去索取。愤怒有时是个好办法，它可以恐吓、威胁、控制、强迫对方去做改变，只要他改了，你就被满足了。所以你可以通过愤怒的方式，去满足自己的需要，这没有任何问题。

但问题是：当别人无法改变，当别人无法满足你，你还要固执地、偏执地死死抱着他去索取吗？

当事实无法改变，当愤怒无法改变任何结果的时候，你是否依然选择用愤怒的方式去索取？你可以单纯发泄一下，舒服一下，这没问题。但是你要知道，你还是满足不了。

你可以尝试一致性表达：直接告诉他你的需要。当这种方法也不行的时候，你就需要做点别的来应对自己的需要了。

所以第二步就是：你可以停一下，做个决定，为自己的需要做点什么。

你要知道，这个需要是你自己的，只能你来负责。起码，当你完成第一步，你的愤怒就会渐渐消退。即使你还是会愤怒，但是你的愤怒会被转化，转化成哀伤。

你知道，这跟那个人没关系。那是匮乏的你，可怜的你，孤单的你，从未被满足过的你，从小就缺失的你。

所以，当你愤怒的时候，你可以不断在心里重复默念这四个字：我需要你。

当你恢复一点理性的时候，自行补充上后面的需要内容。可以的话，尝试着把这些需要大声说出来，反复地说，大声地喊。去感受那种匮乏。

你应该为那个可怜的自己感觉到哀伤。然后你就可以抱抱自己，对自己说，我长大了，我可以为自己的需要做点什么，而不是一直想着依靠别人。如此，愤怒就成了内心的力量。

愿你，内心拥有平和。

他凭什么指责我

1

你有没有被指责过？就是有人说你差，说你做得不好，长得不好，性格不好，审美不好，这里以及那里都不好。搞得你很愤怒，很想揍他一顿，但碍于力气不足或法律等原因，不得不以嘴代手进行还击。甚至，有时候嘴也还击不出去，好不郁闷。

那人说得对也就罢了，可他纯粹胡说八道，一点都不了解你，就指指点点。你根本没有他说的那样差，他凭什么指责你。

就凭嘴是他的，他有言论自由。你可以通过适当的方式制止他，让他害怕，也可以通过道理说服他，让他无法反驳。但嘴依然是他的，他的话经由他的大脑控制，而不是你的。

你可以说：他说什么我不管，关系到我就是不行。很遗憾，无论关系到谁，嘴都是他的，谁也控制不了。对不起，他有指责你的自由。

这真是一件很难改变的事。虽然你也有反驳他的自由，只是，与其抱怨别人凭什么要指责你，不如问问：你为什么这么介意别人的指责？

2

举例来说，你的长相问题。你长得好看还是不好看，谁发表意见，谁就用自己的标准。

同样，你做得对还是错，性格好还是坏，每个人都有自己的一套评价体系。把这些放在自己的体系里，就会得出自己的结论。

你也有自己的一套评价体系。这就形成了差异，即对于你的长相问题或你做的某件事情，你有一个看法，他有一个看法。经由不同的体系评价，得出不同的结论来太正常了。

也就是说他认为你很差，应该改。你认为自己很好，不需要改。这是经由两个体系评价的结果，互不影响。就像大家看到一个苹果，到底是大呢，还是小呢？有的人觉得这是大苹果，有的人觉得这是小苹果。到底谁的观点是对的呢？他们需要相互说服对方自己的观点是正确的吗？

所以其实别人怎么看你，跟你怎么看自己，这只是两个人彼此独立的观点。

如果你对别人发表的看法很愤怒，问题就成了：你为什么想说服他接受你的观点（认为你不差）呢？为什么他只是在坚持自己的观点（认为你很差），你就愤怒了呢？

3

因为你想把他对你这个人的观点统一为你的，你希望你们两个人对于你这个人的观点要保持一致。即你认为自己很好，他就要修正自己的观点，同意你的观点，也觉得你很好。

有没有觉得有点强人所难呀？你为什么非要完成两个人观点的统一呢？你为什么非要让他的看法跟你一样呢？这对你有什么好处呢？

是的，一件没有任何好处的事，潜意识是不会推着你去做的。我们想改变他人对我的看法的好处就是：亲密。

我想改变你的看法，你要认同我的观点，你要自觉地向我靠拢，这样我们就能亲密了。

对于别人的指责，我们无非三个态度：

①讨好。认同了他的指责内容，向他期待的方向努力改正自己。这其实就是向他靠拢，以实现跟他的亲密。

②指责。否定了他的指责内容，并要求他改为跟自己一致的看法。这其实就是要求他向我靠拢，以实现跟他的亲密。

③尊重。你对我有一个看法，我对我有一个看法。我们两个看法不一样，互不干涉。这时候就没有亲密感了。

所以实际上，我们内心有与他有亲密的需求，所以才会对他的指责起反应。

4

所以反抗被指责只是一个表面现象。我们真正的目的，是想跟他亲密，甚至是想共生。这一刻，我受不了跟你有间隙，你必须跟我保持看法一致，我们不能有距离。

当我们允许别人有自己独立看法的时候，他就有了独立自我，他跟我们就有了间隙，这是件非常孤独的事情。同床异梦，大概也就是这么个感觉吧。

但这也恰恰是人独立的部分。我们能否允许别人有不同的看法，就是判断一个人是否人格独立的标准之一。

所以你需要问自己：这一刻，你真的渴望这么跟他连接，与他亲密吗？如果不是，你能允许他跟你的看法不同吗？

这一刻，当他不同意你的看法的时候，你能承受背后深深的孤独吗？

如果你很想跟他亲密、连接、共生，那么你同意他的看法就好了。你只要用心去承认他说的对，你们就有连接了。或者你直接表达：你不喜欢被指责，是因为很渴望跟他亲密，这样一来你们的关系也更深了。

我并不是说你不能反驳，我只是说你通过反驳指责来获取亲密，效率比较低。

5

正常的关系就是有时候我们看法一致，我们亲密；有时候我们看法不一致，彼此独立。你不需要时刻都保持与人亲密，更不需要与所有人保持连接。有些路人甲乙丙，注定只能是过客，你需要放弃。

如果你此刻不想跟他亲密，你就可以试试我这个咒语了：你觉得我错了，我很丑，我很差。这只是你的观点，跟我有关系吗？

当你不想跟他亲密的时候，面对指责，你就不想反驳了。你强迫我，我可以拒绝。你评价我，我可以拒绝。你怎么对我是你的事，我怎么对自己是我的事。我可以拒绝你，但是我不需要改变你的观点。

聊天时尴尬了，怎么办

1

“尬聊”是个非常特别的词。

它形象、生动、简洁、幽默地说清楚了跟不熟悉的人在一起聊天时遇到冷场后尴尬的心情，以及不得不聊下去的状态。

无论是一对一单聊，还是一对多群聊，冷场都是不可避免的现象。当沉默发生，遇到冷场的时候，你会怎么办呢？

是沉默着坦然着，还是沉默着紧张着。

是“自嗨”着坦然着，还是强聊着尴尬着。

说话是人的一个本能，通过诉说，人可以获得大量的快乐和心理满足感。

我觉得，最高级的运动，其实就是聊天了。聊天，可以舒畅心情，可以排解压力，可以收获温暖，尽兴时手舞足蹈，可以运动大片肌肉。

然而这么高级的运动，却经常被一些人荒废了，形成了独有的聊天空隙，进入了尴尬的沉默，还强迫自己运动：“尬聊”。

我们遇到冷场尴尬的状态时，常常以为是因为没有共同话题而聊不下去了，所以拼命想找话题来化解。从这个角度来讲，解决“尬聊”，其实很简单，三个小方法，可以轻松摆脱尴尬：

①聊自己。

②聊他人。

③不聊了，坦然地沉默。

聊自己，就是敢于主动去敞开自己：聊我是谁，我的故事，我的曾经，我的见闻，我的家庭，我的兴趣，我的特长，我今天遇到的事，昨天遇到的事，明天将要遇到的事，都可以。

当你敢于敞开来主动聊自己，你就是个外向开朗的人。

聊别人，就是敢于主动关心别人：你是谁，你怎么了，你的故事，你的曾经，你的见闻，你的全部，我想去了解你，想去关心。

当你敢于主动关心别人，你就是个有亲和力的人。

2

技术上，解决“尬聊”是很简单的，只要去说话就可以了。可是你又发现，无论聊自己，聊他人，还是沉默，实际操作都有些困难。

因为让人感觉尴尬的根本不是没有话说，而是有很多话却不知道该说哪句。

尴尬的时候，就算脑子里过了成千上万句话，但就是堵在那里，出不来。

因为无论聊自己还是讲别人，都需要突破两个非常大的心理障碍：怕他没兴趣，怕他觉得我烦。

我主动跟他讲我自己，他会不会没有兴趣听，会不会觉得我这个人叽叽歪歪，很不识趣。我主动问他，他会不会觉得我很烦人。我主动问合适不合适，人家愿不愿意说。我这是不是打探别人的隐私，很八卦啊。他会不会很烦我这样啊。

当你把他人投射为对自己没兴趣且有鄙视、嫌弃、冷漠、不耐烦等情绪的时候，你就不敢随便讲随便问了。你好怕别人不开心，好怕别人对你有意见，好怕因此毁了自己的形象。

所以当不知道说出哪句话最合适的时候，沉默就是最安全的方式。但你可能不知道的是：别人可能是享受这场聊天的。

首先，被询问，很多人其实都是很享受的，因为这意味着被关注。

其次，别人真不想回答你或不想听你说的时候，他是有能力拒绝的，你过度替他考虑，把他想得过于脆弱了。

最后，万一他既不喜欢被你问，也不想听你说，又没能力拒绝你，他自己负责咯。

其实，“尬聊”真正的潜意识原因是：你对别人是冷漠的，不是真正感兴趣，你不喜欢被别人打扰，你就会把别人投射为跟你一样了。

聊天最怕伤自尊，更怕尴尬。人讲自己的时候，讲多了就会自带热情。人主动问别人的时候，也会先铺垫好热情。你一方面热情主动，他一方面那么冷漠，你就会觉得越聊越尴尬。

这种感觉就是：他都没主动热情地问我，我就开始热情讲自己了；他都没有主动了解我，我就开始关心起他来了。我这是不是有点上赶着啊，是不是显得我在巴结他啊。这也太没自尊了。

当一个人把主动与低自尊挂钩的时候，当热情没有被同样的热情回应的时候，他就“受伤”了。因为他就像一个嗷嗷待哺的婴儿，自己还在等待着别人的热情，怎么能随便对别人热情呢？

自己一个人热情地和对方聊天，会更尴尬。回避这种尴尬最好的方法，就是一开始就不说，这样尴尬少点。所以冷场，其实是为了避免说后更多的尴尬。只是，你可能不知道的是：别人只是没有足够的热情，没有及时回应你的热情，就被你断定为冷漠了。

别人可能也并没有主动的能力，他也需要你的主动，来让他感觉舒服。他冷漠，可能只是因为他同样不知所措。

3

不想说就不说呗，冷场就冷场呗，沉默就沉默呗。为什么不能坦然地玩手机，反而尴尬起来了呢？大家一起挤公交，一起在自习室，不说话的时候很多，为什么就没见你那么尴尬呢？

其实让我们尴尬的并不是冷场，而是这三个信念：

①我不能让场冷下去。

②我必须要做找话说的那一个。

③我必须要找到最合适的话来说。

这三个信念，在那一刻就像是一座不可攀登的高峰一样。对当时的自己来说，是个非常高的目标。越是要实现，挫败感就越强。挫败感越强，自己越是排斥，就越是觉得尴尬。

可是，为什么你不能允许场冷下去呢？因为你在冷场里并不舒服，你也投射性地认为别人在冷场里会不舒服。为了让他舒服点，你必须要做找话题的那一个。

冷场的时候，你就会觉得别人都在看着你，在期待着你说点什么。如果你不说点什么出来，好像就对不起人家了，好像就让人家失望了。为了让人家不失望，你必须要说点什么。

可是说点什么，你又怕说的不合适，问的不恰当，让别人不舒服了。总之，你会发现：不敢说、不敢问、不敢沉默，都是因为——我怕让你不舒服，想照顾下你的感受。

说与不说，其实都是你在自编自导一场如何照顾别人的内心戏。怕冷场、尴尬，只不过是你伪装过后的一场令你疲惫的讨好。因此，你不能在冷场中坦然沉默着，实际上就是在想：我要为冷场负全责，冷场全部是我的责任。我必须通过我的努力改变这个局面。因为冷场了你就会不舒服，而我对你的不舒服负有全部的责任。

可是，别人需要你照顾吗？

到底是谁需要你照顾呢？

4

你为什么那么想在聊天中照顾别人呢？大概有两个原因。

①你需要被照顾，你渴望别人主动，所以你把需求投射到别人身上了，认为别人跟你一样脆弱。你希望通过照顾他，来达到照顾那个脆弱的自己的目的。可是你又做不到照顾好他，你就难受了。

②在你的童年，有一个重要他人很需要你照顾他的感受。你总是委屈自己、忽视自己来让他感觉舒服点。所以你形成了“别人不舒服，我就得照顾他”的信念。然而，长大后，你就会发现，别人是不需要你照顾的。你跟别人是平等的。

假如冷场真的是不好的，那这个结果也不需要你负责任了。你最多对冷场有 50 分责任，另外那 50 分，你要还给他。你不是老大，不是讲师，又不是主持人，你为什么要对场冷还是“场热””负全责。

如果他真的因此不舒服，你也不需要为他的感受负全责。他是个成年人了，对于他的不舒服的情绪，他负全责。

但是对于你的情绪，你就要负全责了。因此冷场的时候，你的任务，就是让自己感觉舒服点，而不是让他感觉好受点。尽管你们都需要感觉舒服点，也只能先为自己的情绪负责。

因此，如果你想讲自己，那就讲自己好了，不用怕他不舒服。当你坦然讲自己的时候，你要知道，别人没有你想的那么冷漠，会对你有兴趣的。不要怕得罪他。

如果你想了解别人，就是想八卦，那就去问好了，不要怕得罪他。你要相信，他有承受能力，如果他不喜欢你问了，他会拒绝的。即使他没有能力拒绝，那他要为此负责的。

如果你觉得不想说话，话不投机，那就玩手机、斗地主、折飞机、上厕所、借口离开、直接离开、不说话沉默，都行。

5

不管别人，那不就是自私了吗？更深层次，你潜意识里可能有这样的信念："让一个人不舒服了，就会失去他""让别人不开心了，他就会惩罚我"。

因为你小时候，你让某人不舒服，他就会摆出一副不想再要你的姿态，或者会惩罚你，以至于让你觉得只有让别人舒服，你才是安全的，别人才会喜欢你。

你需要别人，你怕被惩罚，想跟他建立关系，所以拼命想挤出话题来。可是，通过讨好才能建立，不讨好就会失去的关系，你真的想要吗？拥有这段关系，对你来说，有那么重要吗？即使你委屈自己，也在所不惜？

让别人不舒服一下，又不是特别大的伤害，并没有什么不可接受的后果。别人可以适当去照顾，但不需要你这么小心翼翼战战兢兢紧张兮兮地照顾。想分享就分享，想八卦就八卦，想沉默就沉默。别想那么多，别怕得罪他，“尬聊”就不存在了。

你自卑是因为你太自恋了

在 OH 卡（即潜意识直觉卡）课上，我会带领大家探索自己的特点，了解自己是一个什么样的人。其中有个环节就是探索自己的优缺点。每次课上，总是会有些人，得出了这样的结果：优点都是缺点，缺点还是缺点。

我会问：你想要一个完美的没有缺点的自己吗？简直太自恋了。我总能听到人们说自己哪哪不好，对自己哪哪不满意，好像整个人生都充斥着自我否定。然后他们告诉我说："我又开始自卑了。"

1

人在绝望的时候，是体验不到自卑的，他会有破罐子破摔的"潇洒"，会有"爷就是这样你能怎么着"的"豁达"。人在自卑的时候，脑子里只有一个东西：我不要现在不好的自己，我要改变，我要改变，变得更好。不，他们应该表达得没有这么乐观，而是：我要好起来。

那一刻他们的内心充斥着一个咒语：

我只能允许自己好，不能允许自己不好。

你把这句话重复三遍，会体验到什么感觉呢？人自卑的时候，其实是不接纳自己的不好，只想变得好。

你问他，如果你不允许自己这里不好，你允许自己哪里不好呢？他就会哑口无言，他找不出可以让自己不如别人的方面。也就是说，凡是他在意的方面，他都要求自己是好的，都要比别人好。

一个人要求自己在所有方面都比别人好，就是要求自己成为完美的神。

一个人敢于这么要求自己，那得有多自信啊。不要说你不要求自己所有的方面都好，你只要求某个方面好，你把 N 个某方面加起来，就是所有了。

所以当你感到自卑的时候，你是否中了这个咒语，对自己苛刻至极，不允许自己不好，立志做到所有的好？

2

一个人敢于要求自己做到所有的好，那必然是他体验到了很多满足感。他必然有一些优于别人的地方，让他常常获得赞扬，比如年轻美貌、有些才华、收入颇高、工作体面等，他们体验到了满足感并因此骄傲。所以欲望会被点燃，想实现所有方面都比别人好。

当他们想到自己这些优点的时候，就会有种优越感，感觉自己在这个世界上活着真是“棒棒哒”。即使你觉得自己真的什么都不好，我想你也一定在你的小圈子里有着属于你的骄傲。

但人总是不满足于自己的优秀，盯着不如别人的地方开始幻想大大改造，改造失败了就开始自卑。

显而易见，让你感到自卑的只是自己的标准。你设置了一个不可实现的高标准，然后发现自己达不到，于是骂自己怎么这么没用。

自卑不过是拿自己设定的高标准打败了自己。让你自卑的不是别人，而是你自己设定的不可实现的“理想我”。

3

所以从来没有人是绝对自卑的。自卑是因为体验到了优秀带来的满足感而想在更多的方面优秀。

自卑和自恋就是如影随形，必然同时存在。人不可能只体验到单一的方面，就像人不能只经历白天或黑夜，不能只经历抑郁或躁狂。抑郁和躁狂、白天和黑夜总是交替出现，有的时候甚至同时存在模糊不清，自卑和自恋也是如此。

因此你看到了一个人在你面前展示自卑，你就知道他时常感到骄傲，优越感很强。某个时刻他会看不上你。一个人在你面前展示自恋，你就能知道他在心底隐藏着深深的自卑，不想让你看到。

而无论是自卑发作期还是自恋发作期（对不起，我用了“发作”

这个词，它虽然是常态，却不怎么健康），这两种状态里都只有和他人的比较，只有自己，没有他人的存在，只有自己的感受。他人的存在，只是作为我们的参照物存在的。

那一刻，人已经幻想着自己是世界的中心。我通过自卑或自恋的手段，都只是想听你们说一句：你很好。我只是想让你们为我提供围绕、认可、赞美服务，因为那一刻我是世界的中心。

自卑是一种自我中心。

4

你得承认，当你陷入自我否定体验到自己哪里都不好的时候，你对周围的人尤其亲密的人，容易充满愤怒，稍有不慎你就会暴怒。因此充满自我否定的人看起来是抑郁状态，也伴随着躁狂发作。

前面说了，自我否定是因为你对自己的高要求不能实现，这时候你对自己是有愤怒的。鉴于你在抑郁发作期，你对自己的愤怒是很难排解的，于是你会不得已把这个愤怒向外转移，当他人做的不完美的时候，你就成功地把他当成了自己来骂了：你怎么能不好，你怎么能不完美，你怎么能这么对我，你怎么能做成这样！看起来跟躁狂是一样的。

自卑是无法对自己的攻击性进行释放，暴怒则是对自己无能感的愤怒无处宣泄而产生的转移。你不接纳自己不够好，就不会接纳身边的人不够好。

所以当你靠近一个自我感觉比较差的人的时候，你要谨防他对你的否定和指责，但那跟你没有多少关系，那只是他不能实现的自己的部分的投射。你也可以为他感到一点高兴，当他能够释放攻击力的时候，说明他在好转。

5

自卑的时候他会对自己全盘否定，但是却接受不了别人对他的否定。

如果他对自己的否定是真的，那么他就应该坦然接受别人的否定，事实嘛，就应该是大家公认的，可以说的。接受不了别人的否定是因为他潜意识里并不那么认为。他会默默地渴望别人说他好，因为他不敢承认他觉得自己好。

这时候，尽管别人对他的评价是客观的，在他看来也是对他的否定。因为他潜意识里的自评，要比现实高。他的自卑，不是因为差，而是与他所要实现的完美自我相比显得差。所以你是不能说他真差的。

因此，自卑的人，多少是会有些怀才不遇的感觉的。

6

应对自卑的方法，就是放下自恋。你是个凡人，你有的地方比别人好，有的地方就得比别人差。你比较的不是他人，而是被你理想化的他人，因为你只看到了他人的好而看不到他人同样的自卑。你是个综合体，你不能事事都好。

以后你不能说自己自卑，你应该说自己“自恋未酬”，即想实现全能，但失败了。

走出自己，感受他人的存在，也是一个很好的办法。他人跟你一样，都是凡人。

走出自己较好的方法就是自我悦纳：好的自己我喜欢，差的自己我也喜欢。我允许自己好，也允许自己差，这都是我。我爱自己，所以我允许自己有缺点。

能够自卑是一种能力，能够自恋也是。

觉悟再高一点，你还可以发现自己：不评判自己。那些你所讨厌的，正是你的发光点。世上从来没有什么不好的特质，存在的一切，都有它积极的意义。所有的不好，都是用错了情境的资源。

自责或指责都是偏执

在我们的网课里，常常会出现两种人：一种玩命自责，一种用生命去指责。

喜欢自责的人会有这样的规条：如果我没有满足你，就是我不好；如果你因为我不开心了，就是我不好；甚至如果你不开心了，不管跟我有没有关系，我都会觉得我不好；如果事情没有做好，就是我不好，甚至如果没有做到预期的标准，也是我不好。

我们网课里有个同学，她画工作中的冰山的时候，会出现这样的规条：

①假如同事有急事找不到我，就是我的错；

②假如我不在，有事情处理不好，就是我的责任；

③假如别人批评我，就说明我不好，我会很难受；

④我要去北京上课，就要把工作交代好，如果没有交代好，就是我不好。

我给了她一个回复：你是神一样的存在，请拿走我的膝盖；你的志向如神一样的完美，我等只能远远崇拜。

做不到 100 分，就是我不好。他人出了状况，就是我不好。这可能是我永远都搞不懂的鬼逻辑。这只能说明你的期待是自己能像神一样完美，不能出任何差错，否则就虐自己。

嗯，自责就是一种自虐。因为满分的人必然不存在，自虐必将发生。

喜欢玩指责的人则反之，他们会有这样的内在规条：如果你没有按照常理出牌，就是你的错；如果我不开心了，就是你的错；即使我错了，那也是因为你的错，或者因为你错在先；你没有做到 100 分，就是你的错。总之都是你不好。

我们网课里还有一个主管，他交代了一个任务，结果下属没执行，他就暴怒了。其实，生活中交代对方的事情对方没有做的情况太多了。但这个主管就觉得：

交代了你们还不做，就是你们的错；

有意见不提出，还不执行，就是你们的错；

答应了还不做，就是你们的错。

听起来好像竟然无法反驳。我就问其他同学，假如你们是他的下属，你们会有什么感觉？然后他们一致觉得：累。这个领导要求太高，苛刻、霸道、变态。这个主管吓出了一身冷汗，他说从来没有直视过自己的这一面。

无论是自责还是指责，本质是一样的：他们把产生现状的原因和责任归结为一方，而且这一方要承担全部的责任。即全部都是我不好，你没有问题；或者全部都是你不好，我没有问题。

当我这么归结的时候，你可能会发现：不可能。因为根据常识我们就知道，责任是双方的，是多方面因素综合的结果。

把责任归结为一个因素，且夸大到了100分，执着得不可自拔，并调动了全身的情绪来维护这个单一的想法，让我想到一个词：偏执。

关于成熟，有一个不全面的标准就是：我们能够客观地、全面地、多角度地看待一个问题。我们知道像柱子的、像蒲扇的、像墙的那个东西都叫大象，这叫成熟的认知。而小孩子才会单一地、线性地看待某个问题，且只能从自己的角度出发。所以那几个摸象的人会争执起来，其实他们都对，只是不全面，不客观。

关于责任，对于一个现状的归因和责任，我们有三个维度可以去思考，而且必然是这三个维度同时存在才叫全面：自我、情境、他人。缺了一个叫偏执，缺了两个叫“偏偏执”，或者叫“double偏执”“偏执兔（two）”。

也就是说：一个现状的产生，是我的原因，你的原因，问题及环境的原因，同时存在的，各占一定的比例。而且，任何一个元素的改变，都可以导致结果的改变。

比如说前面这个自责的人，如果你做到了100分，你是很好，虽然你想做到100分，但这毕竟不是你一个人能决定的，做不到100分也不全是你的错呀。他们不配合、耍赖、懒，你也没办法，那是他们的问题。你还得考虑情境和背景：这个公司就要倒闭了、工资迟迟开不出，每个人当然非常懈怠。

比如后面这个主管，员工没有做到100分也不全是他们的错呀，你这个领导没有提供安全的环境，谁敢随便表达意见呀；你自己能做到承诺了就必须做吗？尤其是在敷衍的情境下答应的事。自己做不到的事要求别人，就是会被称为变态的领导呀。这还得考虑情境：你发布命令的状态、强度是怎样的，任务的难度是怎样的，团队的默契和合作程度是怎样的，公司的文化氛围是怎样的。

总之，每个现状的产生都是：既是我的错，又是你的错，还是情境的错。同时我们又都没错，在一个系统中，我们只能跟着系统的动力去走，当我们不刻意去打破的时候。领导压力大、任务难度大，系统的动力就会推着我不去完成了。

亲密关系中更为如此。那些自责自己学历、脾气不够好的人，那些指责伴侣不够温柔、主动的人，都是偏执到要某一方承担100分责任的人，即既不考虑另外一个人，也不考虑问题的情境背景。

如果你的目标只是让自己爽一下，那你可以继续当下的过程就好了。通过自责，你可以体验自虐的快感。通过指责，你可以体验发泄的快感。你的身体如此需要它，以至于你如此不理智地先去“爽”了。可是小孩子才这样，先爽了自己再说，管他事实怎样。

可是如果你的目标真的是想让事情做得更好，你就要进行客观的归因，责任的合理化。合理化的归因，可以让你避免陷入情绪的漩涡，避免过多的压抑和愤怒，也会让你更加客观理智地看待问题，从而改变现状。

你可以从三个角度进行改变：改变自己，改变他人，改变情境，以让系统动力发生改变，让事情向好的方向发展。不是全部要改变，而是你改变单一的任何一个因素的时候，就会发现系统动力会发生转变。

比如说在亲密关系中吧，你跟伴侣产生了分歧。如果你找到了自己的原因进行了改正，他／她反抗你的部分就会减少、一致性沟通的概率就增大，问题被解决的概率也就大了。如果你发现改变他／她比改变自己容易，那你就用你的温柔或愤怒来让他／她改变，一致性沟通解决问题的概率也会增大。如果你发现你也不愿意改变，他／她也不愿意，那你就创造一个容易改变的情境，比如说一起去泡个温泉、给他／她做个按摩或一起度个假，甚至找一个轻松的环境摆脱工作压力的影响，这样的情境下问题解决也会容易很多。有时候情感之外的其他诸如工作压力之类的因素，也是会影响关系的情境。

因此，当你习惯了自责，你就要找找他人和情境的责任，避免“偏偏执”。当你习惯了指责，你就要找找自己和情境的责任，避免“偏偏执”。

所以，告诉我，你的目标是什么？是要解决问题，还是要让自己爽一下。是要做个偏执的“兔”，还是做个灵活的人。

每个没安全感的人，都是因为太挑剔

经常有访客跟我谈起，他们在每种关系里多么缺乏安全感。诸多焦虑和担心，害怕对方有天会受不了自己、害怕自己真实的缺点暴露后会被嫌弃、害怕有天不被爱了被抛弃。或者觉得这样那样的人没有安全感，做生意的万一失败了怎么办，年纪小的万一毛病多怎么办，所以他们要用大量的证据来证明爱，其实是在证明不爱，就这样证明着证明着，就真的不爱了。

有的人因为缺乏安全感而焦虑担心，有的则是缺乏安全感而无法开始一种关系。

每当他们说起自己缺乏安全感的时候，我都会加一句：你缺乏安全感，是因为你太挑剔了。

他们就会茫然地望着我。

这要先回到安全感到底是个什么东西上。安全感就是掌控感和确定感，即你要坚信这个人不会离开你，你们的关系是可控的。当你缺乏安全感的时候，你就怀疑他会离开你、抛弃你。

根据投射理论：你害怕他抛弃你，是因为你先想到了抛弃他。你不相信他不会离开你，是因为你不相信自己不会离开他。所以他应该没安全感才对，因为你是随时会抛弃他的呀。

我的敏感些的访客会觉察到自己内心这些想法，不太敏感的人则会急着辩驳：我没想离开他呀。

先说你为什么会怕他离开。

一个人会担心另外一个人的离开，这里面除了爱，更多的是需要。我们需要另外一个人带来的满足感。也就是说当你开始担心另外一个人离开的时候，一定是他给了你很多满足感，让你很享受，你才害怕有天会失去。

这时候你们的关系，更多的可能是一种母婴关系，因为你看不到你对他的付出和他的享受，你看不到他的害怕失去，你的焦点只聚焦在自己身上，在他会不会离开你上。在你们的关系里只能看到你一个人，而看不到对方。你当然就会害怕被抛弃。不要说“我肯定不会离开他呀”——这是真的吗？他的感觉是这样吗？你感受过他的感受吗？

你的世界里只有你没有他，你就会缺乏安全感。那么你做了什么企图增加你的安全感呢？

增加安全感就是增加你对他的掌控感和确定感，即：你会对他产生很多期待，期待他的行为、性格、职业等方面都按照你的想法发生。比如你期待他可以按照你的需求给你买花做家务表达爱，按照你的方式满足你的情绪，成为一个积极勤奋上进的人，对未来有保障。当他的一切跟你想的一样的时候，你就有了很多掌控感和确定感，也就有了安全感。

当他的行为跟你预期的不一样的时候，你就会体验到这个人是失控的，没有安全感的。

其表现形式就是挑剔。你会嫌弃他这也做得不好，那也做得不够。你潜意识里的本意是希望他能矫正这些行为，来让你更踏实，然后你们的关系就可以更亲密，你就有更踏实的依赖。

你的挑剔是企图把他变成理想化的人以方便你更好地索取。现实却非如此。现实是，这里发生了两个心理过程：

①你没有尊重你们个体化的差异，你企图控制他了。以一种委婉、温柔或直接的方式要求他成为你想要的人。

②你把他理想化了，期待他成为你理想中的那个人。你不允许他做他真实的他自己。

控制一个人，就是他反抗你的开始。可是理想化一个人，就是你要嫌弃他的开始。

即使他很爱你，他愿意为了你的要求去改变自己，一次两次可以，第三次、第四次的时候，他的潜意识里就会发出呐喊：你这么挑剔我，就是不爱我。挑剔给人的直观感觉就是：你嫌弃我，不接纳真实的我，不喜欢真实的我。

当你理想化他的时候，显然是他无论如何努力，都做不到你的标准的，何况他做不到24小时里事事想要努力实现你的标准。这时候你就会真的嫌弃他，以一种负面、否定的方式表达出来：你为什么做得不够……为什么你不去做……

你对他的不满，不就是想抛弃他吗？你投射出来，以为他想抛弃你。你会用这个想法来诱导他，让他来实现抛弃你，以验证你的想法。

一个人总是处于被嫌弃、被否定、被挑剔的状态里，他会有怎样的反应呢？

如果他够爱你也够强大，他会反过来否定你，跟你吵吵骂骂，企图把你们的关系从母婴关系变成男女关系，企图从你是高贵的小公主高高在上变成平等的关系。这时候他吵架失败了才会想离开。因此如果他能反过来否定你，说明他还是想爱你的。

如果他不够爱你也不够强大，他就会接收到你想要抛弃他的信号，然后默默离开。累，觉得不能再爱了。是的，他是真的想要离开你的，你的担心是对的。然后你就变得真没安全感了。

怪谁呢？

你通过一系列的否定和挑剔想把他推开而导致他真的想离开了。这并非他的本意，是你对他不满了。

怎样才能真正增加你对一段关系的安全感。很简单，就是看见另外一个人，尊重他，并适应他。你们有很多的不同。

真正能完成对关系的掌控的感觉，不是要通过挑剔对方来完成你的掌控感，而是适应对方，发现对方。不挑剔他，给他安全感。

适应对方的意思是，你的标准并不是这个世界的唯一。和你的标准不一样的，不一定是不好的。因此你需要放下对他的评判，他不是哪里做得不够好，只是他的生存方式和表达爱的方式和你不同，仅此而已。你是对的，他也是对的。因此你需要走出自己的世界，看见他并走向他，去好奇他为什么跟你不同，而不是评判他这样不对那样不好。某种程度上来说，你需要围着他转，以他为中心，你才能发现他的世界。

围着他转并不是你就没有自尊了或失去自我了。我曾经写过《自尊心强是一种怎样的卑微体验》一文详细描述这个过程，你如果太在意自尊了那你就太折磨自己了。

围着另外一个人转是一种爱的能力，这不代表失去自我。这感觉就是：我去北京旅行，我就是要围着北京转一转。这不代表我就失去了我的城市我的故乡了。我想回来随时可以回来。我想了解你所以要围着你转进入你。你不能躲在自己的城市里怕失去它而大声地呐喊："北京，你改变下吧，我要了解你，你必须变成我想要的样子我才能了解你。"

发现对方的意思就是当你放下评判，你会发现另外一个精彩的世界，然后你会由衷地赞叹并欣赏这个世界。他这样做有哪些好处，带给了他哪些便利。你可以向他学习。这时候他的不同不是来增加你的不可掌控感的，而是要让你借助他增加自己的经验的。也就是欣赏对方和你的不同，而不是通过挑剔来让他跟你相同。

还有就是，你挑剔他，评判他，是因为你在挑剔自己，嫌弃自己。这点以后我会具体说。

当你能走进他适应他，当你能发现他欣赏他，你觉得对于你们的关系你还会是没安全感的吗？

世间所有缺失了的安全感，都是因为自己太作，怨不得别人。

第二章

我不完美，但值得深爱

无论你怎么说，我都是一个有价值的人。

你所追求的“足够好”，其实谋杀了你的生活

1

有时候你永远不知道你有多差，直到你遇到很多比你牛的人。

之前我到英国塔维斯托克中心参加一个专业培训。这个培训比较高端，来的人自然也都比较厉害。先不说别的，就单单说语言，我蹩脚的 Chinglish 在 Hello 后就没了，只能被别人说 So shy。

我们学习团带的中文翻译，感觉就是为我一个人准备的。

这些中国学习者们，好像是在英国长大的一样。经济能力也都一个比一个厉害。

我是下了很大决心才愿意付这笔学费、路费和住宿费的，因为我实在太想来学习了。

可对他们来说，这好像是来购物散心的，买东西时感觉像是他们家的银行开到了国外一样。

在他们面前，我觉得我木讷、土、不合群，紧张又尴尬。

尤其是出来一起吃饭，好心的姑娘给我翻译一下服务生的话，

我觉得无地自容。很不习惯被女生这么照顾，这和我在北京时的生活完全不一样。

我很想努力听课，但外国人说话怪怪的，翻译过来就更怪，弄得我总走神。老师讲完后，补充了我能听懂的俩单词：Any questions？我没得问，我想我的脑子被海关扣了吧，没能带来。

只能听听他们问什么，来尝试还原下老师讲了什么。好不挫败。跟他们在一起，我心里一直在说“不好意思给大家添堵了”的独白。

我觉得我不够好。

2

当我觉得我不够好的时候，作为一个训练有素的心理工作者，我问了自己一个问题：我为什么觉得自己不够好呢？嫌弃自己不够好，实际上在说：我想比你好，不想比你差。

自卑首先是一种攀比。世界上不存在真正差的人，差只在比较中才能产生。当一个人觉得自己差的时候，这个答案一定是跟一个优秀的人比较所得，可能是现实中的 ××，可能是想象中的 ××。

而自己又不接受比那个人差，所以就责怪自己。因此自卑也是一种竞争。当我意识到自己在跟这些人攀比竞争的时候，我就做了个决定："放下"。然后跟自己说了个没关系。

我只要往外面走，总能遇到比我好的人，总会被一些人比下去。我不可能比所有人都好，我也不需要比所有人都好。

此刻我比你差，没关系的。我还有很多朋友、家人和支持者觉得我很好。想到他们的时候，我就觉得温暖。

人的一生，其实就是接纳自己平凡的过程。

你总会在一个群体里，觉得自己很棒；总会在另外一个群体里，觉得自己很差；总会遇到一个人，让你觉得你很好，也总会遇到一个人，让你觉得你很差。

我又不是所有地方都很差，有什么关系？

3

我嫌弃自己差的时候，说话都觉得尴尬。

在人群中，如果你觉得尴尬，内心深处一定有这样的想法：我这么差，你这么优秀，你一定不会喜欢我吧，一定不屑于跟我这种人做朋友吧。

我好怕你不喜欢我，我一定得有所表现，才能避免你不喜欢我。可是我又不知道怎么表现才能让你喜欢我，所以就手足无措。

尴尬来自非常渴望跟别人连接的冲动，然而能力又跟不上。

我想象了下如果我遇到了马云，他也会对我很客气，然而不会跟我做朋友，大家不是一个档次，强玩会很累的。就像《欢乐颂》里赵医生去酒吧找曲筱绡，看到了她那些土豪朋友们的账单，一脸懵。大家不是一个档次，真的没法一起玩。

然后我又跟自己说了个没关系。我是可能不被你喜欢呀，可那又怎样呢？没关系的，你能喜欢我更好，不喜欢也没关系。我不需要所有人都喜欢我。只要我出来见人，这个世界上总会有人不喜欢我，即使不是因为我差。

我们分开后，回到各自的世界里去，还是有很多人觉得我好，还是有很多人喜欢我。

我不怕你不喜欢我。我有能喜欢我的人就够了。我又不是被所有人都不喜欢了，有什么关系？

4

上课的焦虑。

我的焦虑在说：你不能浪费时间啊，花这么多钱来了，多贵啊。你要好好学习啊，大把的时间泡在这，不能浪费啊。既然来了，你就要好好听课啊。既然听了，你就好好消化啊。

焦虑的深层次含义就是：你必须一点都不能浪费，你必须要最大化地做好。

焦虑，其实就是给自己设置了过高的目标，超出了自己的能力。

专心听全部的内容，显然超出了我的能力。我想来这里的这些人也是吧，没有人能全部吸收消化。

即使他们听到了，也不一定记住了，不一定消化了。也许他们跟我的差别，就是他们能消化 30%，而我只能消化 10%。

可是那又怎样，有什么关系？这些内容我不需要全部消化。

如果我这几天，学到了一两个知识点，就足够了呢。即使没学到，起码我终于有机会走出了国门，看了看国外。

我不需要利益最大化。

5

有了“没关系”和“不怕”，我觉得在跟他们交往的时候，我坦然了很多。

我不再勉强自己一定跟他们连接，不再渴望他们觉得我好，我放弃了这个想法。

我接受了自己的局限性。然后我发现自己变得可爱起来了。接纳自己，就是不攻击自己。不攻击自己，就不会外投攻击别人。

我想我可以做真实的自己了。这个勇敢，来自两个方面：

①来自相信。我相信我其实不差，是我投射了自己的差。我只看到了他们的优点，看不到他们的缺点。只看到了我对他们的

羡慕，看不到他们对我的羡慕。

我相信其实我并不差，大家只是擅长领域、生活重点、生活方式不同而已。我更相信即使我真差，他们也不会嘲笑或嫌弃我，正如我不会嫌弃比我差的人。

②来自不怕被不喜欢。你不喜欢我没关系，你觉得我不好也没关系。只要我喜欢就可以了。至于你喜欢与否，真的没关系。重点是我相信，无论真实的自我是怎样的，总会有人喜欢。

我也发现我听课轻松了很多。我知道，塔维斯托克一定把某些精神传达给了我。我可以学得不多，但我一定能学到一些。

6

你是不够好啊，可那又怎样呢？

我们小时候不被允许差，不被允许不够努力。所以我们总是快速、努力、拼命往前走，追求得到很多人的爱。

但是我们现在长大了，我们可以学习爱自己了。学会跟自己说没关系，就是放过自己。放过自己，就是对自己最大的宽容。对自己宽容，就是爱自己。

没关系不是放弃自己，而是别太勉强自己。去做能做到的，原谅自己做不到的。

为能有人喜欢而感到开心，不为不被喜欢感觉自卑。你按照自己的节奏慢慢走就好，这就是做自己。

不是要走出多么优秀的路，但一定是属于你最特别的路，那是你为自己而定制的路。

你要相信：做真实的自己，总有人喜欢，总有人不喜欢。做真实的自己，总有人觉得你好，总有人觉得你不好。

做伪装的自己也一样。但却会把自己搞得很累、很紧张、很尴尬、很挫败。何必呢？

把真实的自己放在那里，等待着被一些人爱就好。

听话的人生，是不会“开挂”的

之前听一个姑娘抱怨了很多，听得我感慨万千，以至于我想写个文章，也说说我的看法。

就叫姑娘Y吧。

1. 谁的工作不辛苦?

Y是做销售的。就是那种没什么大背景、没什么超级业绩、没什么权力的普通坐班销售。

Y的抱怨有：

①花式加班。

晚上加班。开会要加班，不下班不开会，一开就停不下来。有客户要加班，客户不来人不能走，客户不走人更不能走。聚会要加班，公司隔三岔五晚上聚餐，领导说这是团建，是凝聚力，必须要参加的。

周末加班。有时候是以工作忙、业绩紧为由。有时候加班理由是：业绩没完成，取消休假。有时候加班根本不需要理由。

中午加班。客户要是 11 点来，午饭被拖到下午 3 点没商量。

②客户刁难。

做销售嘛，Y 说，客户就是上帝。上帝一来，只能逢迎。你把客户当上帝久了，他也把自己当上帝。经常有客户吹牛、挑剔，发泄完情绪走了，留下 Y 独自叹息。有时候运气好点，不是独自，是和同事一起叹息。只能安慰自己：销售嘛，就是有很多单成不了，但你还得认真对待所有有意向和假装有意向的客户的。

③领导变态。

Y 说，领导批评起来，她都很想递杯水，问一句：这么能说不累吗？有次 Y 来例假肚子疼，想请假回家。领导说："谁没来过事，就你毛病多。"有个新婚女同事怀孕了，领导以"工作压力大，对腹中孩子不好"为由，把怀孕同事调到了环境糟糕的后勤岗，逼走了同事。Y 说，我也怕，仿佛看到了自己的明天。

④同事关系。

这是个复杂的东西。同事之间都是表面"塑料情"，底下暗流涌动。单位虽小，但是关系错综复杂。Y 说，她从来不跟别人争，也玩不转钩心斗角。别人跟她抢业绩，她就让给人家。

⑤没对象。

这个就很好理解了。你把青春全部奉献给了工作，要娶你回家，还不得先把你整个单位娶回家？

我一开始听的时候，对姑娘充满了心疼：“不累吗？”姑娘说：“累，但是没办法啊。这就是生活啊，这就是人生啊，这就是工作啊。哪有工作不辛苦？谁的人生不委屈？……”

Y 给我普及了很多人生哲学，让我感觉自己过了一个假人生。收入是人家的 20 倍，辛苦却不及人家的 1/20。

我给了 Y 很多建议，拒绝啊，辞职啊，换工作啊。又讲到了很多关于创业、格局、新媒体之类的话题，听得 Y 一愣一愣的，她问了句：“然后呢？”把我问住了。我意识到，阻碍 Y 实现轻松富足的人生的，不是能力，是她没意识到的心理状态。

2. 乖孩子的逻辑

Y 所没意识到的自己的逻辑就是：我必须要绝对服从于权威。

因为领导是有权力的，所以我要听领导的。即使领导的要求非常不合理，我也不能拒绝。当我尝试提出自己的要求，一旦被否定就不能再坚持。因为权力、权威永远都是能决定我的，而我只有服从和执行。即使自己十分不愿意，十分讨厌，也要忍着自己的不舒服强行去执行。

Y 的人生就是被这样的逻辑笼罩着，并且不觉得有什么问题。

我给 Y 的建议是：跟领导说——“领导我晚上有约会，不能工作了。我先走了。”Y 觉得我在开玩笑，说我疯了，这么做万一被辞退怎么办。

Y 其实也不想干了，心特别累。但是她可以接受自己辞职，但却不能接受被辞退。

其实 Y 不能接受的也不是辞退，而是接受不了这样一个自己都没见过的过激行为。

Y 的世界里从来没有过这几个字。她从来不知道，权威除了服从，还可以不执行。最简单的，就是拒绝。高级点的，就是无视。再高级点的，就是提要求。

所以在 Y 的世界里，对权威、领导、单位提要求，几乎是一件不会被想到，也更是不会去做的事情。她就是默默工作，默默服从，十分努力，等待晋升。

她觉得，天道酬勤。可是 Y 不知道的是，天道除了酬勤，也需要人主动、积极。

这是一个“乖孩子”的典型逻辑：我没做错什么，你就不能惩罚我。我全听你的，你就不能抛弃我。我按你期待的去努力，你就不能说我。

拒绝、无视，乃至提要求，会让人体验到自己和权威是平等的人。和权威平等，则是乖孩子所承受不了的体验。所以在权威面前，Y 只有委屈自己绝对服从，才能觉得熟悉又安全。

3. 话语权归谁

客户关系也是这样。

客户处于工作中的绝对上风，所以凡是客户的要求，Y 都要亲力亲为，不敢怠慢，十分卑微、赔着笑脸讨好客户，把姿态放得非常低。为了陪客户，Y 什么都放得下，美食啊，约会啊，健身啊，看电影啊，通通能说放就放。

我问她，你为什么不能为了自己的需求，说出这样的话：

王先生，今天太晚了，我要下班了。如果你真想买，我们可以明天谈。

李小姐，午饭时间到了，我要去吃个饭了。如果你有时间，可以在这等我一个小时，或者下次我们接着再聊。

张先生，我今天有事情，不能接待你了。我们约下周二见面再聊好吗？

吓得 Y 出了一身冷汗，打死她也跟客户说不出这样的话来。Y 说，那是客户啊。

客户怎么了？你很在乎这笔提成吗？比你按时吃饭还重要？你知道这个客户的成交性并不大啊，你只是不敢拒绝而已。

然后我就说了下我的理论：销售有两种，权威式销售和讨好式销售。在理财、银行、房产、保险、实业等众多行业里，这两种销售型的人都有。权威式销售的特点，就是客户巴结销售，生怕销售不理自己。这种销售就是专家、作家、“大V”、讲师、好朋友……而讨好式销售反之，是销售巴结客户，生怕客户不理自己。他们是导购、客服、接待……他们只是职业的名称不一样而已，其实都是销售。

Y说，她的职位就是这样的。我觉得不是，你的心境是什么样的，你就会到什么岗位里去，就会把岗位做出什么特色来。这取决于你是否相信自己值得被当成权威看。

两种销售的最大区别，其实就是谁有话语权意识。“话语权”，也是Y的世界里不曾出现的词。在客户面前、刁难的同事面前、变态的领导面前，Y都没有话语权的意识。

话语权的意思是，我是否敢在我们的关系里占有主导地位。这个跟职位没关系的。今天看《三国机密》的时候深有此感，郭嘉目无规则，依然得到曹操重用。在和曹操的关系里，郭嘉经常具有足够的话语权。而不敢有话语权的Y，就是这样的：别人要什么，就拿去；别人要求什么，就去做。

我总结了下Y的处世模式，四个词：不争，不抢，不任性，不叛逆。

再用两个字深度概括下Y的核心信念，就是：听话。

听领导的，听客户的，听道理的，听规则的，听同事的。凡是这些让她有威胁感的人或事，她都绝对出让话语权。

Y说："丛，我跟你们不一样，你们有能力，才敢任性。"

我说："不是的。公司留下你，主要是因为你有能力，而不是你很乖。如果你没能力，再听话也终究会被淘汰。听话，只是缓冲了被淘汰的时间而已，改变不了被淘汰的命运。"

可是你把重点和时间都放在了如何听话、如何更听话、如何委屈自己完成听话上，这让你筋疲力尽，疲于应付。结果就是你没时间、没精力去发展能力。

4. 听话，就是不敢特别

不敢拒绝、不敢反抗、不敢争取、不敢任性、不敢挑战。这些不敢里，Y有个无法被突破甚至无法被意识到的局限：不敢特别。

大家都默默加班，就你一个人不加班。大家都讨好着客户，就你一个人居然把客户晾一边。大家都在忍，就你一个人反抗。这会让你显得很特别，很叛逆，特立独行。

和别人不一样，很挑战人的安全感。因为这违背了人的一个本能反应：从众。从众虽然让人平庸，但是安全啊。追求安全，恰好也不能让人出众了。

这就是为什么Y要在一个普通的岗位上提心吊胆着、辛苦着、劳累着，也不能去做点让自己舒服的。

不敢特别，再深入一点思考，就是不能做自己，不能有自我。因为做自己，就是独一无二的。

当你按照权威、规则的要求去量身定做打造自己的时候，你会成为权威心中最期待的那个人，这样权威就不会找你麻烦了，你就安全了。可是你也不能有自我了。

你不能有自己的想法，不能有自己的做法，不能有自己的事情，不能有自我，你所有的想法、意见、事情，都要被权威制定。当你有了自我的时候，你也得自行压抑掉，服从于权威。

假如你有了自我，那就完蛋了。你的自我需求会跟权威的要求发生冲突，你又没有能力反抗权威，那多痛苦。最好的自我解救之法，就是放弃自我，混沌地活着，一切为权威而活。要什么特别，要什么自我，服从就好了。听话，就是会培养出千篇一律的人。

为了安慰自己，使自己更舒服点，就要给自己讲道理了：大家都这样啊。人生就是这样啊。谁的工作不委屈。其实就是你不敢有自我。

不敢也是对的。权威虽伤害你，但是也庇护你啊。离开了权威，你不相信自己能独自存活。跟权威平等，你也不相信自己的价值。所以还是乖乖地听话，混口饭吃吧。

后话：

出于职业习惯，还是跟 Y 聊了下她的原生家庭：喜欢过一个男生没有继续交往，妈妈不同意；每天晚上十点前必须回家，妈妈的要求……家里的一切都是妈妈说了算，她说什么，Y 都必须去做。

我问："你有过叛逆期吗？"

Y 说："没有。"

嗯。我微笑了下，好听话的孩子。我想，到底是权威变态，还是你太乖。

我需要你爱我，我怕你不喜欢我

“讨好型人格”的特点有：

①害怕别人不开心。当别人不开心的时候，总感觉自己有责任要去照顾他人的感受。

②不自觉地取悦别人。下意识地做些别人可能会喜欢和开心的事，看到别人开心了会心安。

③怕给别人添麻烦。能自己做的事，通常不去麻烦别人，即使自己做更费力。

④在乎别人的眼光。经常愿意为了获得别人一点喜欢，而委屈自己做自己不喜欢的事，特别拧巴。

⑤玻璃心。特别害怕别人的否定、指责、攻击，容易感觉到受伤和委屈。

⑥害怕冲突。当跟别人有意见差异的时候，宁愿自我牺牲，也不怎么能去争取。

⑦不擅长拒绝。拒绝别人的时候，就会感觉自己开不了口。所以经常被别人践踏底线，而自己一忍再忍。

⑧不擅长提要求。辞退下属、要求涨工资、要求别人等，对你来说特别困难。

⑨容易愤怒。讨好最常有的情绪其实是委屈，委屈累积久了，就会易怒。而愤怒其实是用否定的方式表达需求，以协助自己无法直接表达需求的心。

⑩不敢欠别人的。总是擅长付出，对于欠别人的人情，接受别人的帮助，会有内疚、受宠若惊、不配得之感。

……

按这个标准，不知道有多少人能幸免，毫不中枪，并敢于大胆地说出：我一点都不讨好！

讨好的本质就是：别人比我重要，我只有让别人舒服，我才是安全的，被爱的。即使我牺牲自己，即使他表面上跟我没关系，即使我不喜欢他，但我还是会把他的感受、需求放到比我的更重要的位置上。

讨好的内核，跟外在形式无关。外在的你可能聪明、强势、伶牙俐齿、霸气、充满戾气、容易愤怒，一副无所谓绝不低头的样子，但你内在的恐慌、害怕、担心，都是你讨好的本质。

一句话概括讨好就是：你先好了，我才能好。你不好了，是我的责任。

我并不赞成讨好是一种人格。因为人格具备稳定性，而讨好不具备稳定性。你在面对有的人的时候，讨好，怕得罪人。但在面对另外一些人的时候，你并不讨好，你反而觉得自己内在充满力量。

我回想了下，我讨好过的人有：出租车司机、女神、领导、客户、下属、陌生人。我基本不怎么讨好的人有：女朋友、妈妈、爸爸、惹了我的人、我自己。

其实所有人都有讨好性的一面。讨好顶多算一个习惯性动作，离人格、性格这个级别还差很远。一个人人都有的特点，算得上不正常吗？

所以那些总觉得自己“讨好型人格”不好，总想要改改改的人，别太在意。地球上有60亿人跟你是一样的。

其实我们面对的他人，分为两种：我们想讨好的人，我们不想讨好的人。

而这两种人的差异就是：不安全的人，安全的人。

不在于这个人的外在是否强大，而在于我们的潜意识会自动评估：这个人是否对我有威胁，我是否能绝对控制得住这个威胁。

如果我感觉到威胁且对威胁是失控的人，潜意识就会让我进入讨好模式。如果我感觉到没有威胁或威胁是可控的人，我就会进入指责模式。如果我自身此刻也充满了能量，我才能进入爱的模式。

这就是人的一种本能，生活中有时往往会欺软怕硬。

所以你在面对朋友的时候，朋友对你有要求或者不开心了，你就感受到了威胁。这个威胁就是：他不开心了，可能会对我有意见，会骂我说我。我不满足他，他可能会不喜欢我了，会离开我。他如果因为我而受伤了，就代表我是个坏人了。

这些结果我如果无法承受，我就要避免。怎么避免呢？就是避免他不开心，避免他失望。这样我就可以体验到安全和被爱的可能了。安全才是人的第一本能。这是活下来的首要动力。

但是如果你对这些结果是可以承受的呢？你并不在乎他怎么看你，你并不在乎他是否离开你，并不在乎他是否喜欢你，并不在乎他对你做什么，并不在乎在他面前你是个坏人，你是真的不在乎。

或者你非常非常相信一个人不会离开你，即使他不开心也没有力量惩罚你，你也不是很在意他们受伤。

这时候你就会发现拒绝是件很容易的事了，你会一点都不讨好。在他们面前，你就可以较少地顾及他们的需求，更多地顾及自己的需求了。

一个人可能外在跟你没什么关系。比如出租车司机、“塑料情”的朋友。但他对你来说，依然可能是强大的。

你太渴望亲密的时候，就会在乎每一段关系。你越是渴望亲密，就越是在乎这些感情不深的关系。这些关系是危险的，稍有不周，你可能就失去。所以你要小心讨好维护这些关系。但是感情很深的关系就不需要拼命维护了，反正又不会断。

以前我在北京租房的时候，我的邻居养狗，很大的狗，把公共区域弄得全是狗的尿骚味，特别难闻。我好几次鼓起勇气想跟他谈谈这个问题，告诉他处理下狗的大小便。但我都没有勇气。后来我在跟咨询师谈的时候，我就意识到这是一种讨好：如果谈了，他可能会不高兴，可能觉得我不好，就不喜欢我了，第一次接触，他就不喜欢我了，那以后我就失去这个人了。

虽然我不去谈，我们这辈子都不会有什么往来，我也没得到过这个朋友。但是悬浮的状态，起码是有成为朋友的可能。如果我得罪他了，那就是确定了没了。

对于无所谓的人，我们宁愿让关系在喜欢我和不喜欢我中间悬浮着，也不愿意确定为不喜欢我。所以委屈自己，就可以成就悬浮，避免不被喜欢了。

可我们为什么这么在乎关系，这么渴望亲密呢？

这是个非常好玩的投射。因为你从来没有认真对待过一段关系，没有在一段关系里投入过你的真情，你没有真正决定过一辈子不离开谁。所以其实你在每段关系里，都是有退路的，都是随时准备离开的。这让你体验到安全，同时也体验到了关系的不稳定。

你没有打算过稳定哪段关系，你也不会去感觉关系是稳定的。你在随时会离开别人的状态里，也会认为别人将随时离开你。

可你又需要亲密。所以只好用这种安全的、大量的、浅浅的关系来获得亲密感，避免那种深刻的、黏着的、长久的关系让自己体验到危险。

只要我怕你不喜欢我，那么在我心里，你就是比我强大的。因为我需要你。你有多需要别人，别人在你心里就有多强大。

别人不开心、失望、有脾气，真的那么可怕吗？

是的。两个原因：你的潜意识会放大别人不开心的威胁力。这是从你早年就带来的，你的爸爸或妈妈不开心、失望的时候，你就是会遭殃，就是会被惩罚。这时候你会形成条件反射，每当遇到别人不开心、失望的时候，你就会产生本能性的恐惧。你太需要安全了。

讨好其实就是我要为别人的不开心负责。别人不开心、失望的时候，的确会在心理上决定远离你一点。虽然这段关系不会断裂，但那一刻你们的确远了点。你无法承受关系再变远一点点，你就无法接受别人的不开心了。你太需要爱了。

讨好其实就是我要为我们关系的稳固负责。他们掌握了你的软肋，有惩罚你的能力。你太害怕了，因此你要讨好，以获得安全和爱。至于那些没有能力惩罚你的，你就可以大胆去索取了。这就是欺软怕硬的本能。这个本能是为了让自己更好地活下去，所以不必责怪自己。

重要的是，睁开眼看看，其实你长大了，你安全了。别人可以为自己的不开心负责了，不需要你再负责了。你也不是那个一定需要别人喜欢你才能活下来的小孩了，你可以承受没人爱后的孤独了。

当你再次感觉到讨好的时候，不必给自己贴个“讨好型人格”的标签，来嫌弃自己。你可以在心里大胆地承认自己的需求：我很需要你爱我，我很怕你不喜欢我。

如何一句话“怼”回去

被别人指责、否定、批评、评判，是一件让人很不爽的事情。很多“鸡汤学家”在教人“修行”，如何修得不愤怒。我认为这是一个非常好的事情，这是大智慧。

可是我又认为，中间差了一步。作为凡夫俗子的我们，被指责的第一反应通常是愤怒的。虽然很多人不一定有能力“怼”回去，但愤怒却是有的。

如何让一个人在被指责的时候不愤怒，首先他要有足够的能力“怼”回去，然后他才可能选择不“怼”回去。

如果他没有能力“怼”对方，这时候的“不愤怒”，就有很多自我安慰和酸葡萄效应了：我不“怼”回去，是因为我高级，不是我没能力。

这种感觉就像是到商场里，你不买东西。你装着钱去的感觉和没装钱去的感觉是完全不一样的。

你口袋里有足够的钱去商场没买东西，你可以说看不上这些没品位的衣服。

但是口袋里没有钱去商场没买东西，说你看不上这些没品位的衣服，我们就有理由怀疑，你这种表达其实没那么单纯。

所以我觉得，要培养被指责还不愤怒的能力，首先要培养能“怼”回去的能力。

你风轻云淡说一句话，对方被憋得脸红气短，哑口无言。这种感觉非常爽。

这种感觉就像《墨子·公输》中墨子轻松“怼”了公输盘：“公输盘九设攻城之机变，子墨子九距之。公输盘之攻械尽，子墨子之守圉有余。”

《西游记后传》里孙悟空有句话也是如此：我还没有用力，你就倒下了。

当你知道怎么“怼”对方，你才能知道如何真正地理解和安慰对方，如何一句话跟他建立关系。

就像是解毒的高手，首先得是个下毒的高手；厉害的工程师，大都曾经是个“破坏大王”；厉害的外科医生，首先得非常熟悉人体构造。

1

要研究如何一句话“怼”回去，首先你要知道，当别人指责、否定、批评你的时候，为什么你会愤怒。

愤怒是这么产生的：

①你潜意识里认同了他说的。

比如一个人带着蔑视地说你胖，你会生气吗？这取决于你是否真的认为自己胖。

如果是，你就生气了。如果不是，你只会一笑而过。

如果一个人说你懒惰、自私、不守信、自我中心，你会生气吗？你不想承认自己是这样的，你才会生气。如果你真的不是如他所说，你心里坦荡荡，何必那么激动呢？

别人的否定和指责，只是跟你对自己的看法不一样而已。看法不一样，就要生气？

②你先攻击了自己，才会被他攻击到。

比如说一个人说你胖，你会生气吗？这也取决于你是否认为胖是不好的。

如果你认为胖是好的，你就会开心，即使他带着蔑视的态度。如果你认为胖是不好的，你就会生气。

比如有人说“你怎么30岁了还没结婚”“你都30了还在北京漂着”，有的人听到了就会生气。生气的人首先是攻击了自己，认为30岁没结婚是不好的，在北京漂着不回家是不对的。

如果你坚定地知道这是热爱自由、追求梦想，如果你享受自己这个状态，你是不会生气的，你只会一笑而过。如果你生气，是因为你也觉得自己这样不好了。

比如说懒惰、自私、不守信。你对这样的批评起反应，是你也认为了“自私是不好的”“人应该守信”，你有跟他一样的规条了。你也不喜欢自私的自己，不喜欢不守信的自己。所有被指责后的受伤，都是因为先指责了自己。自己先觉得这样不好了，才不让人家说。

③你需要他，他没满足你。

你同意了他，但是这样的你是不好的。所以你希望他闭嘴，要求他不能这么说。你生气，是因为你对他有期待，你希望他能不说你不好。你要他闭嘴，如果他一定要说话，他只能说你好，不能说你不好。

当你生气的时候，受伤的时候，其实是你在期待他认可你。此刻，你很需要他。

④他对你也有期待。

当一个人表达自己的观点，他潜意识里是希望你同意的。所以当你反驳时，他就想进一步实现自己的期待，加剧了对你的攻击。他需要你的同意。

而你的反驳，实际上是想进一步实现你的期待，满足你被认可的需求。

你们两个人彼此需要着，彼此争论着。你们在以委婉的、严肃的方式表达着“人家好需要你哦”。

2

当你知道自己生气的原因后，“怼”回去就变得轻而易举了。

①不认同。

你对我有一个观点，我对我有一个观点。你认为我胖，我认为我瘦。你认为我是个自私的人，我认为我只是对你自私。

你认为我不守信用，我这一次因为某种原因没守信用，但我是个守信用的人，我只是做不到所有的事都守信用。你认为我懒惰，我只是没有达到你的标准而已。

你表达你的，我相信我的。大家只是观点不同而已。当你能区分出别人的观点和自己的观点，愤怒就会消失了。因为不认同，否定就进不来。

别人的话就被你坚定的内在，挡在了外面，他只是说了一句假话而已。

②不期待。

我能够自我认同，所以我不必期待你对我的认同。

喜欢我的人很多，认可我的人也很多，当然讨厌我的人也很多，我不必期待所有人都觉得我好，此刻，我也不期待你觉得我好。

此刻，我放下一定要你来认可我的需求。

③不自我攻击。

我即使自私、不守信用、30 岁还不结婚、在外闯荡、花心也没有关系，因为这不是全部的我。

每个人都有这一面，只是每个人能不能承认而已。谁没有自私的一面，谁没有花心的一面，谁没有失信的时候。

一件事不能代表一个人，也没有人是绝对好或绝对坏的。有正面有反面，是一个正常的现象。

当你能接纳自己，不攻击自己的时候，别人的攻击就无效了。即使他说的是真的，他也只是描述了一个事实而已。

基于这三点认识，一句话就可以“怼”回去了：

是啊，我就是这样的人啊。

是啊，我就是很胖啊。

……你说的很对啊。

他就会感觉像一拳打在棉花上一样。

太极和泰拳是两种套路，都很厉害。

泰拳的套路是快、准、狠。打倒对方的方式是正面回应对方，依靠自己强大的力量，给对方迎头痛击。这就要求你的体格是足够强大的，如果不是，你也会跟着疼一下。

而太极则是顺着对方的力道使劲，你往这边打，我就拉着你继续往这边走，然后你就被自己的力气推倒了。

语言的战斗，跟肢体的战斗是一样的。你攻击我，我就顺着你的话说，让你落空。

你准备好了一系列指责我的话，然而第一回合我就承认了。你后面准备的那一箩筐想指责我的话，就憋在你那，出不来了。

3

如果你想进一步地升级"'怼'回对方"技能，在顺势接过他的话后，你就趁他没缓过来的时候主动出击了。

一句"怼"回对方的第二式就是：明褒暗贬。

自私是不对的。

那你一定很无私吧，嗯，了不起。

懒惰是不对的。

那你一定很勤快吧，嗯，了不起。

有钱有什么了不起的。

那你一定很没钱吧，嗯，了不起。

30 岁了不结婚是不好的。

那你一定 30 岁前就结婚了吧，嗯，了不起。

……

你会发现你的这种攻击，对方是很难再反驳的。因为他对于你架高了的评价，是心虚的。他也做不到绝对无私，做不到很有钱，做不到绝对守信，做不到绝对勤快。

有时，一个人之所以会指责你，攻击你，否定你，实际上是因为他潜意识里有很多自我否定。他无法消化这样的自我否定，所以要转嫁给你，通过攻击你，来感觉他自己是很好的。

他不喜欢没钱的自己，所以才要说“有钱有什么了不起”的，来获得自我安慰。当你把这部分还回去的时候，他是很难承接住的。这种心虚，比愤怒还让人难受。

4

如何化解被指责，建立关系呢？

实际上就是真诚地夸他。在某些情况下，一个人之所以否定你，潜意识里只是想让你夸他。他没有一致性表达这个需求的能力，所以想要通过否定你，来凸显自己。

你现在学了心理学，可以透过他不一致的表达，看到他后面真实的需求了。他指责你什么，或许实际上就是需要你夸他什么。

他指责你懒惰，可能就是想听你真心夸一句他真勤快。他说你 30 岁还不结婚，可能就是想听你说羡慕他早早就结婚了。

他不一定能意识到自己这些需求，但是你发现按照这个方向去夸他，是最有效的，他最受用的。因为他真的需要，只不过他潜意识里可能对表达需要有羞耻感，所以不能承认。

你夸完后看他掩饰不住的开心的表情，你就知道，他是真的需要。

别人的认可对你来说怎么就那么重要

我之前在《如何假装自己优秀》里写过人是怎么跟自己“玩优秀”的：

通过努力变得优秀，让别人看到自己的优秀以获得别人的认可；

通过堵住别人的嘴，不让别人说自己差来感觉自己是被认可的。

总之我们很难逃过这个宿命：想要很努力地做好，爱表现、爱夸张、爱嘚瑟、爱张扬，就会换别人一句“你真棒”。

我们那么想听一句你真棒、你真漂亮、你真厉害、你真聪明……

同时，也那么害怕别人说我们不好，当有风吹草动感觉自己不被爱不被认可的时候，就紧张或愤怒不已，好像自己真的不好了一样。

因为他们的世界里有这样的逻辑：只要不是能明显的积极正向地表达肯定，就是对我的否定。只要不是能明显识别的爱，就是不爱。刚开始学萨提亚沟通模式的时候，我会努力告诉我的访客：你是值得被爱的，其实别人没有否定你，没有不爱你。是你想多了。

他们会很漠然地望着我："我的确是不被爱啊。"

似乎他们说得有道理，连我这收了他们咨询费的人，都没那么热情的肯定和爱。

是的，人有时候就是不被爱，不被喜欢，不被认可，会被忽视。但问题是：别人为什么要认可你，你为什么这么需要别人认可你？

难道你优秀、你聪明、你厉害、你赚钱多、你地位高，我就应该大声地说出来然后对你顶礼膜拜？难道因为你善良、你漂亮、你可爱、你无辜、你可怜、你脆弱，我就应该让着你、夸奖你、鼓励你、时刻对你说其实我爱你？

再直接点说就是：你好不好，跟别人有什么关系。我其实是想更直接地说：即使你优秀了可爱了，别人也看不到你，被忽略和否定，还是一样会发生。

人无法通过自身来确定自己的价值的时候，就会渴望从外界从他人那里寻求认同。即当我不确定我好不好的时候，我就需要你来说我好来让我感受我是好的。当我感受不到你在说我好的时候，我的自我认同就会出问题，这时候我就会启动我的防御机制：自责，以与你的否定匹配；指责，以让你的眼光来跟我的感觉匹配。

总之，当我无法确认自己的价值的时候，我就要做些调整来让自己的感受和你的看法相匹配。

我们虽然无法确定自己的价值，却还是想让自己被认可，想感受到自己很棒，这是一种生本能。所以即使我们充满了自责，对否定极其敏感，我们也渴望别人说我们好。

我们内在的自我否定程度，直接决定了对他人认可的需求强度。

一个不能认可自己的人，才会那么需要别人认可。一个极度不能认可自己的人，就会把对自己的否定投射出去。也就是说，你觉得自己不好，也总会认为别人觉得你不好。你不相信自己是好的，你也就不能看到别人认为你是好的。除非别人的认可强度超过了你的自我否定度。

所以你才会那么需要别人认可你，来突破你的自我否定度，让自己感受到好像自己真的不是自己想的那么差，好像也还是不错的。

你多需要别人认可，你对自己就有多少批评。是的，你匮乏了。

在你小的时候，你需要通过不断被认可来确认“我是好的”这样一个形象，遗憾的是你妈妈没有能力给你足够的表扬和认可，却总能说出你哪不好来。所以在你年幼的时候就借助她来确认了自己的价值存在：我是不好的。

然而认可又是人类必需的心理营养，就像钙一样。所以你长大后，又会极度需要别人来“哺乳”你，重新去做你妈妈当年没有为你做的事情，重新给你认可，你的潜意识并没有放弃努力，它一次次想破除当年你所形成的“我不好”的经验。

但你终究会失败，除非你遇到一个好的恋人或心理咨询师，能不断给你鼓励、肯定，打破你的自我否定，改变你固化的自我形象。

这个人必须自己就能确立自己的价值，他才能够发现并随时表达出对你的欣赏，才能发现你的美。然而这是困难的，我们这一代人，基本都是伴随着批评长大的。一个没得到过认可的人，和你一样，表面亮丽光鲜，内心充满了自我否定。他都看不到自己的好，哪有能力看到你的好。

从这个角度说，那些批评、否定、指责你的人，并非全是你不好，而是他们对自己习惯了批评和挑剔，也会对你那样。他们的人生只有闭嘴和发现不好，没有能力给他人认可和肯定。

何况，即使他有能力给你认可，凭什么要给你。因为别人给不给你认可是别人的事，是别人的权利。

别人爱你之前，你爱自己了吗？

因为你不能认可自己，才需要别人那么认可你。如果你完全否定自己，记为 −100 分，就会需要别人 100 分的认可，才能达到心理上的平衡。别人若给你 30 分的认可，显然是不够的。这就是你为什么看不到别人说你好，总能看到别人说你不好。因为他的 30 分认可只能抵掉你 30 分的自我否定，你还剩下 70 分的自我否定需要投射出去，你就会看到他否定了你 70 分。

当你自我认可度达到 80 分的时候，你对别人给你的认可就只需要 20 分了，没那么执着了。别人给你 30 分的认可，你就可以接收到了。别人隐晦的夸奖，你终于能听出来了。

当你的自我认可能够达到 100 分的时候，你就会获得滋润，别人对你的认可，就是多出来的，滋养你的。别人没有给你的时候，你也可以自我认可，因为你完全知道自己的价值，获得安然。别人否定你的时候，你有自我认可做抵充，你可以客观看待他人的意见，而不会当成完全否定。除非你遇到说话非常有分量的人给你 -100 分的否定，才能击垮你的自我认可防线。

怎么认可自己，就是发现你是值得被爱的。不是别人爱你你才值得，而是你值得被自己爱。不再对自己苛刻、批评，不再像妈妈当年吝啬表扬你一样吝啬表扬自己。

你会发现当年妈妈怎么批评了你，你长大后也怎么对待自己。

要相信自己是好的，虽然自己有做得不好的地方，但你这个人也是好的。虽然有短板，但你也有长处。即使在他人看来你一无是处，你也是好的。你没有的可能是技能、金钱，但是你有的却是好的品行、人格和从未放弃自己的心。

认可自己也是解绑的过程——不再把自己的好不好与自己的能力、性格挂钩。你的存在就是好的，无须这些乱七八糟的东西来证明。

你无须别人说你好或者不好，你只需要做给自己看，对得起自己的心就可以了。因为你是给自己活的，而不再是他人。所以只要你愿意，只要你考虑清楚了，在不违法，不违背道德和良知的前提下，虽千万人否定，也可以去做了。

然后重新建构：你的好与不好，是自己决定的，得看你用什么样的标准来衡量自己。

你的好不好，和别人没必要关系。起码别人的肯定与否，都不应该比你自己的更重要。

自己不肯定自己，还让别人认可你。别人不给予肯定，自己就难过或生气。你怎么看待这样的人呢？当你对别人的否定敏感，当你想要努力获得别人认可的时候，你要先问问自己：你给自己认可了吗？你认可自己了吗？

面对你的话，我为什么要急着辩解或否认

我想聊聊防御心理。它一直存在，却很少被意识到它是决定着沟通的。

1

和我的治疗师谈完，我泪流满面。我深深地看到了自己的不自信。想起了小时候，我妈总是对我恨铁不成钢。比如说，小时候别人打我，我是不敢还手的，只有被欺负的份儿。回家我妈发现了我被小朋友揍了，就会数落我一顿："你怎么这么笨，这么老实，这么没用，这么无能。"

想起来那时候真心酸。在外面被欺负，回家又被妈妈批评。后来我给她打了个电话，想聊聊小时候她为什么那么嫌弃我。

我妈解释了很多，最后还补充了一句："那些事都过去了，都没什么大事，你别太往心里去。"她说完这句话，我觉得很委屈，心想："你对我造成了这么大伤害，竟然还想要轻描淡写？你一点都不重视我吗？"

后来治疗师跟我玩了 OH 卡，我看到了我妈的防御心理。

她必须要说“这不是什么大事”“你别太往心里去”，必须要解释，必须要轻描淡写。治疗师问我：“假如她不解释，不描述得轻一点，你猜她会有什么感受。”

我说：“她会很内疚，很自责吧。她很爱我，不能接受自己带给我了那么大伤害。不能接受自己居然不是个好妈妈。”

说完后我理解了她。她必须要描述得轻点，说成是小事，要我别往心里去，必须要解释她不是故意的。其实她是说给自己听的，因为太内疚了，所以要防御。她说“别往心里去”，就是通过幻想没有给我造成那么大伤害，以此减轻她的内疚。

她是因为太在乎，所以才要说别往心里去。

2

我之前和一个朋友也发生过太多这样的事。

我曾经伤害过这个朋友，对她做过错事。我认错了。但我道歉的方式夹杂了这种感觉：这不是个大事，你干吗要这么计较，干吗要这么往心里去。结果她更加计较，这个事一直夹在我们中间，成了过不去的坎，严重影响了我俩的关系。

后来她说：“你都对我造成了伤害。你还要否认这种伤害，看不到我受的伤。”我又否认了：“我没有不让你有伤害的感觉啊。”她就更生气了。

现在想起来，这里面有很多的防御心理。

我尝试把这个事说成是个小事，来告诉她：你不应该感觉到受伤。

因为如果我承认了，我就会很内疚自责。为了让自己避免体验这种内疚自责感，我自动地想把这事说成是个小事，来避免自己的自责。我怕我真的是个不好的人了。

因为我太怕在她面前感觉自己是不好的。如果我认为自己不好就意味着要“被离开”了。我不想离开她，所以要感受到自己还是好的。

因为我太在乎她，所以想要小心翼翼地维护这段关系，维护她的感受。以至于对她一点点的伤害，我都无法接受。

我也成了跟我妈妈一样的人，做了妈妈正在做、当年也一直在做的事。

或许，这就是代际效应吧。

3

我跟另一位朋友谈了这件事。她也讲了自己的故事：她见治疗师的时候，感受到了自己是多么不自信。小时候，她妈妈也总是否定她，她回家跟妈妈聊了聊。她妈妈的反应是：没有的事，我们根本没有否定过你。我们只是教育你该怎么做，这是父母应该尽的责任。

后来她也理解了妈妈。妈妈不能承认自己错了，妈妈怎么能承认自己是个不好的妈妈、做错了的妈妈。让妈妈说自己错了，比让她死还难受。所以为了避免让自己体验到那种难受的感觉，妈妈只能通过各种手段来证明自己没有错。正是因为潜意识感受到了自己可能错了，才需要在被真正证明之前先否认掉。

妈妈通过不承认不愿意看到这个孩子有受伤的感觉，来感受到自己其实还是个好妈妈。而这都是因为她太在乎孩子，太害怕自己对孩子做得不够好。

虽然结果，都反了。

越是不承认，矛盾越强烈。当我感受到可能会被否定的时候，我也喜欢辩解、否定，喜欢说“不是那样的，不是这样的，你说的不对”。

我不能承认你说的对。因为你说的对，就意味着我可能不好了。虽然你的建议是中肯的，但我的潜意识里一旦承认了自己是不好的，就会很难受。所以为了不让自己感受到那种不好，只能否认。

我不能感受到我不好。因为不好了就被嫌弃，不好了就会被抛弃。因为小时候就是在被嫌弃和隐藏的“威胁”中长大的。

4

我常说：“世间所有的冰冷，都是对温暖的隐藏。”

那些在说“都是小事，你别计较”“你别往心里去的人”，都是因为太在乎对方，在乎到了自己无法接受的程度，所以要说“别在乎”以防御。所有的辩解、否认，都是因为认为自己错了，但却无法接受承认自己错了的后果，不得不用“我没错”来防御，以避免体验到自己太糟糕的感觉。

有时，面对自己的真实内心是困难的。当某种感受太浓烈的时候，我们就会找各种手段不让这种感受表现出来，或者不让自己体验到这种感受。

因为怕爱太过浓烈“烫”着你，所以才要以冷对你。

这么在意别人的看法，你一定很累吧

1

首先，在意别人的看法是件好事。别听“鸡汤学家”们说不要在意别人的看法。一个人活在这个世界上，可能不在意别人怎么看吗？人是社会动物，需要群体，这是群居动物的生物本质决定的。

在意别人看法的初衷，就是要留个好形象，让别人能喜欢自己，以获得更多的爱，这是人的生本能。如果一个人完全不在意别人的看法了，那真是很危险的一件事情。

只不过太在意别人看法的时候，就会消耗过多，过得很累。你会希望别人说你好，受不了别人说你不好。

当别人说你不好的时候，你就会用三种方式来应对：

①改正。别人觉得你哪不好，你先自责下，然后默默决定改正。你会努力调整自己，满足他人的需求，以让他停止说你不好。

②“怼”回去。惯性使用指责应对。通过控制别人嘴巴、矫正他的“错误”想法，来实现不说你不好的目的。

③回避。有些人嘴巴上会说“不介意别人怎么说”，但其实是很在意的。因为当别人说了他不好后，他就不能好好和人家做朋友了，和没说前不一样了。

因此那些看起来很懦弱或者很牛的人，其实都是很在乎别人的看法的。一个真正不在意别人看法的人，是不会因为别人的某些评价而形成扰动的。

2

在意别人的看法，实际上就是不允许别人说我不好。

这首先是一种控制。每当有人说我不好，我就要想办法矫正他的想法。那种感觉就像是我要征服天下人，只要还有一个人觉得我不好，我就不甘心，我就要想办法征服他，直到他对我有正向的看法。

以前我会觉得拿破仑、成吉思汗他们很了不起，因为他们想征服天下人。学了心理学后，我觉得那些特别在意别人看法的人更了不起。因为比征服天下人更牛的事情，是征服天下人的思想。

因此在意别人的看法，实际是一种自恋：我要让所有人都觉得我好。

这样一个人生梦想，难道不觉得累吗？

显然这是一件不可能实现的事情。

众口尚且难调，何况对你的看法。无论你怎么做，做到什么程度，做了什么，总会有人觉得你好，有人觉得你不好。在你身边，无论你怎样，都会有 20% 的人喜欢你，60% 的人觉得你无所谓，20% 的人讨厌你。这就是“262 法则”。

你努力一点，可能改变了这个人对你的看法，另外一个人可能就会讨厌你了，因为你变了。你优秀了，周围有人喜欢你了，可是你追求优秀的时候也会忽略身边人，亲密的人也许会讨厌你。

遗憾的是，那些在意别人看法的自恋者们，每当他们转变了一个人对自己的看法，就会把他放在一边，去征服下一个人了。

也就是说，他不会对那些觉得自己好的人心生亲密，只会对那些觉得自己不好的人心生征服欲望。他只想把时间放在觉得自己不好的人身上，不愿意把时间放在觉得自己好的人身上。

3

在意别人的看法，实际上就是心里装着很多人。在意别人的看法的时候，是在害怕别人对自己不满意。所以你想做些什么，来让别人满意。

因为别人的看法，比你的看法更重要。别人的感受，比你的感受更重要。别人觉得好，才是真的好。别人觉得舒服，你才觉得踏实。如果别人没有觉得你好，你就没办法觉得你自己好。至于你感受到了什么，发生了什么，看法是什么并不重要，重要的是，别人怎么看，怎么感受，怎么想。

有时候指责和控制看起来让人感觉很强大，实际上依然是一种虚弱和卑微。因为你依然把别人的看法放到了比自己更重要的位置上。你得多在乎一个人，才会把他放在比自己还重要的位置上。

一个人越是在意别人的看法，他就越把精力聚焦于别人身上。他做事情的首要出发点不是他感觉怎样，而是别人会有怎样的感受和看法。他不是要先照顾好自己，而是要先照顾好别人，让别人感觉好受。因此他是忽视自己的。一个人越是在意别人的看法，他就越是忽视自己。

今天遇到这个人，在乎他的看法，把他装在心里。明天遇到那个人，在乎他的看法，把他装到心里。遇到一个团体的时候，就把一个团体的人装在心里。一个人心里装的人越多，越重，他就越是没有位置留给自己，越是显得自己不重要。

你说，心里装着这么多人，不累吗？别人的看法，就真的比你自己更重要吗？

4

一个人在意别人的看法，实际上是在用自己的方式呼唤维持他们的关系，因为他太渴望这段关系能够继续下去。

他们之所以那么渴望矫正一个人对自己的看法，是因为他们有个很根深蒂固的逻辑：

我必须要去付出或有魅力，你才会觉得我好；你只有觉得我好，你才喜欢我；你一旦觉得我不好，你就会离开我。

你不喜欢我、离开我，我无法承受。所以我要用尽我所有的力气，来矫正你的认知，以保持我们之间的关系。即使讨好、指责会让你离开我，但是在做的那一刻，我的原始动机，是觉得这样能维护关系。

可是维护两个人的关系，是两个人的责任，你却一个人扛了起来。在你的感受里，如果你表现不好，对方就会随时离开你，丝毫不想去维护跟你的关系。在你的认知里，关系是需要你一个人来维护的。在你的认知里，对方只有两个选择：对你满意，留下来；对你不满意，离开你。

你从来不会觉得，他也渴望维护跟你的关系，他也害怕你对他的不好的评价，他也在意你的看法，他也怕你离开他，他也在努力维护。你只觉得自己一旦不维护，关系就完蛋了。自己稍一破坏，稍一犯错，关系就彻底没了。自己一旦不好了，关系就没了。所以无论如何，你都不能让他觉得你不好。

一个人努力维护两个人的关系，真的很累。你更不会知道，即使对方没有那么在意跟你的关系，对你的宽容度也会比你想的要高很多。

我们留在一个人身边，愿意跟他继续交往、熟悉、亲密，不是因为他有不好，而是当他优点比缺点多，爱你比伤害你更多，我们就愿意留下来。

相反，当一个人真的哪儿都好的时候，我们反而不敢留下来了。因为在这种人面前，我们是无法获得自尊的。

因此你要相信：即使你有糟糕的部分，你依然还是被爱的。如此才是正常的人际关系。

5

一个人渴望很多关系，是因为他渴望很多爱。他想要通过每个人爱他一点点，来满足自己对爱的需求。因此一个人在意别人的看法，实际上是因为缺爱。

而被爱的体验，来自一段稳定的关系。稳定不是客观的稳定，只要你坚信这段关系稳定就够了。你看那些正在被爱的人，是不怎么在乎别人怎么看的。热恋中的情侣们可以在街头热吻，全然抛弃世界；“妈宝男”们可以无条件听妈妈的话，全然不顾别人怎么说。

不仅是跟人，跟事也是一样的。比如乔布斯，他深爱并坚信着自己的事业能成功，并且从中获得满足感，内心里的爱满满的。

如果你有一个很爱你的人，跟他在一起很舒服，很放松，你感觉到被爱，感觉到自己在他面前很重要。你就会想花很多时间跟他在一起，你就会感觉拥有了整个世界。那么你对于旁人的看法，就没那么在意了。

如果你有一个你很爱的人，你有爱的能力，在爱的过程中，就获得了极大满足感，就满足了你对爱他人的需求。很需要一个人不算，很需要一个人只会越来越不满足。

因此一个人之所以在意很多人的看法，是因为他没有一段稳定深入的关系。一个人需要的关系和爱是一定的，当深度不够的时候，就只能用宽度来补偿了。没有一个深度的关系，就要有很多浅浅的关系来补偿。

在意别人的看法，只是因为你没有很好地被爱，以至于你不得不去求得更多人的爱。

那感觉真的很糟糕。只是，你是否敢于发展一段稳定的关系呢？无论跟人、物，还是跟事。

人之所以追求用很多浅浅的关系来补偿，其实并非自己真的没人爱。而是自己不敢被爱，不敢陷入一段深入的关系里。潜意识深处，会有很多恐惧。

东求求爱，西求求爱，却得不到一段真正的爱。这样只有一个人的旅途，会不会很累。

6

所以，你敢于去爱吗？敢于被爱吗？

在爱里，你可以发现自己是被接纳的，自己可以有不好，被说不好是没有关系的。在爱里，你可以感觉到放松，你也是被在意的，关系不需要你一个人维护，关系本身就自带稳定性。

你可以在意别人的看法，只是好坏看法都是可以的，别让自己那么累。

我只是害怕别人说我不好

最近，我在某医院里学习，医院来了两个新病人，都是萌萌的“软妹子”，清纯可爱，举止优雅。一个是某高校的博士生，一个是某国企的员工。我难以想象她们为什么会住到我们医院来。对了，这是北京久负盛名的精神病医院。

她们的症状是：与人交往压力大，容易紧张。人际关系不好。情绪容易激动，易激惹，敏感脆弱，非常害怕别人批评和指责。有些时候能听到不存在的指责。害怕犯错，担心焦虑。常常陷入自我否定，觉得自己不好，甚至觉得自己不适合活着，有自杀倾向。进入躁狂状态的时候，会想砍人、骂人，脾气暴躁，尤其对亲密的人。觉得批评她的人说的是错的，想给他们纠正过来。

听到这些症状的时候，我出了身冷汗。因为我曾经也受不了别人批评，很介意别人说我不好。当我听到别人说我不好的时候，我就觉得日月无光，天空灰暗。

回顾一下我的康复历程，我还是有很多话想说的。

害怕被别人批评。嗯，蛮常见的一个症状了。

先说说我们为什么害怕被批评。从常理上来说，别人批评你，关你什么事。你就是任性，能怎么着。但现实却是：他人一批评你，你就紧张，觉得自己不好，或者充满了怨恨。很轻易地就认同了别人所谓的不好。换句话说就是，你好不好，是别人决定的。所以你只能收着或是反抗。

你好不好是别人决定的？听起来有点奇怪，但我们的潜意识里的确这么认为了。我们无法看见自己时，只能借助于别人这个镜子来看见自己。别人说我们不好，我们就真的不好了。只是因为我们无法通过自己确认自己的价值和存在，只能借助于别人来确认。

也就是你是没有自我的，你的决定权在别人，不在你。你把你的自我交给了别人。

那么，一旦相信了自己是一个不好的、差劲的、无能的人，就会无助、绝望：我什么都不会，什么都做不好，什么都没用，那我为什么活着？行为表现就是自杀倾向了。

可是我们又有生本能：不，我不能死。所以我们得把自己变得好起来。怎么变呢？得启动防御机制。我在《如何假装自己优秀》里谈过这些。其中两点就是：要通过暴怒、堵住别人的嘴、给别人纠正他的看法等行为来让他眼里的你好点。或者通过努力地表现好，不让一个细节做不好，来避免你在他人眼里有不好的印象。通过这些防御机制就可以实现别人眼里的你是好的，来确认自己是好的了。

然而我们无法控制他人，也无法做到完美不犯错。所以我们设立的是一个不可能的任务，继而更加绝望沮丧。

原谅我说到这才开始说重点：我们为什么无法确认自己的好坏，要通过别人来确认自己？

因为你从小就不被允许有自己。一个管太多的爸爸或妈妈，容易造成这样的结果。

从肛欲期开始（2 岁左右），当小孩子开始形成自我的意识的时候，他就开始做试探：既然我跟你不是一个人，那我到底是谁决定的呀？我能不能决定自己呀？他开始抓握爬，开始咬撕扯，开始破坏，这些都是他的试探。结果他一再被禁止：哪些是该做的，哪些是不该做的。比如说指头不能放嘴里，只能放外面。一个连手指头放哪都不能自己决定的人，他怎么决定自己的存在。这个无比大的巨人——爸爸或者妈妈，有绝对决定他是对是错、是好是坏的权力。那只能放弃自己的判断，屈服于那个人喽。

长大些，这些控制从未少过：哪件事情应该怎么做，东西要放哪里、怎么放不能做错，放学要及时回家不能出去贪玩，考卷分数要诚实回答不能不诚实。于是他不能控制自己的手、脚、嘴，这些东西虽然长在自己身上，但是决定权在别人那里呀。总而言之，他的好坏对错，不是他自己决定的，是别人。

再长大些，走入学校、社会，面对同学、舍友、同事、领导，这些都是父母的化身。在小孩子形成的对父母的最初印象中，他们不仅是个叫爸爸或者妈妈的人，而是小孩子生命中所有的他人，是全部。因此，他们认为这些跟爸妈像的人，都有权力决定他的好坏。

这类人，有一个特征：会批评指责你，会要求你去做一些事。这个特征就会触发你的应激反应，因为你体验到的是自我不存在了，被剥夺了。这是一种类似于应对危机的状态——我们如果预感到危机要到来，就会陷入恐慌、焦虑、紧张——比较严重的就会直接进入自我否定模式：你们都觉得我不好，我也觉得我不好，那我活着干吗。

那么如何解脱?

①重来一遍，重新培养出自我来。

②敢于发怒，坦然发怒。

我们在 2 岁的时候落下的功课，没有做好的部分，我们长大了也还是要退回去重新做一遍的。就像那时候如果没有学会穿衣服，我们长到 20 岁如果意识到了，就要重新学一遍。

我们那时候没有发展出自我界限来，我们就要重新发展一遍。慢慢意识到你是怎样的人，是你自己决定的，不是别人。别人有建议权、评价权，但是没有决定权，你才是你生命的主人，才拥有最高级的权利。

你的好坏是你决定的，不是别人。即使所有人都说你不好，你也可以有针对性地看待：对不起，我是好的，你们都错了。我可以吸取你们的建议，改变我的一些行为或特质让我变得更好，但我这个人的存在本身就是好的，无可争议。

具体来说就是对别人的观点做出区分，你不认同他们说的，因为你能发展出你自己的标准来评价自己。一个发展良好的人就具有这个功能：客观的自我评价，良好的自我反思。

发怒，敢于生气也是一个比较好的方法。

当我们受到批评、指责时，我们是会愤怒的。然而我们害怕这个愤怒会招致更加严厉的指责控制而不敢愤怒，于是就只剩下恐慌。被压抑的愤怒就会指向自己或变成集中敏感的暴怒。

愤怒是划分界限的比较好的方法，它能保护自己，推开他人的侵入。

最原始的愤怒也就是来自对父母的愤怒，对他们早年过分指责我们的原始愤怒，以爱的名义进行控制的愤怒。所以我在为咨询者进行心理干预的时候，会跟他们的父母解释清楚这个过程，让这些父母能承受住孩子的愤怒，然后让咨询者自己宣泄出来。

在生活中也是这样，那些无端批评、指责、否定你的人，你可以尝试用愤怒来反击，维护自己的界限。

学会了适当的愤怒，就开始了再一次长大。因此，愤怒也是一种能力。

再发育一个等级，你就会发现没必要愤怒，因为你已经有了良好的自我界限，不会吸收到他人的批评、指责、控制。这时候你也就拥有了良好的拒绝能力。

拒绝，就是这样一种自我界限的能力。

我通常会这样跟自己及部分来访者练习，不如你也试试这两句话：

关你什么事！

我乐意！

当然，慎用，看情境。

第三章

充满内在力量的自在人生

让内心持续给予自信，让自己明白，
我值得被爱，值得拥有美好。

爱自己，每天都是情人节

1. 爱是什么？

要知道怎样才是爱自己，我们就需要先理解怎么样才算是别人爱你。

情感专家们经常教“小白”：一个人为你做了什么就是爱你，做什么就是不爱。比如最近有人在网上提问“七夕节，送女朋友什么礼物好，200 元以内”，“专家”们蜂拥而出，纷纷认为送她自由比较好，因为买 200 元以内的东西就是不爱。

可这真的是不爱吗？他女朋友也同意你的看法吗？你只能说，如果你是他女朋友，你觉得不被爱。

那么，你是怎么知道另外一个人爱你的呢？一个人说了很多爱你的话，不一定是真的爱你。一个人做了很多爱你的事，也不一定是真的爱你。一个人让你感受到被爱，才是真的爱你，无论他是通过说还是通过做。

如果一个人做了一些事，让你感觉到轻松、快乐、幸福、愉悦、享受，让你想要更靠近他，想要有更多，你就会觉得他爱你。如果一个人做了一些事，让你感觉到压力、焦虑、紧张、愤怒、烦躁，让你想离开他，那么他就是不爱你。

一个人是否爱你，不是他做了什么或者说了什么，而是你感受到了什么。

对同一个人，他可能会有时候爱你，有时候讨厌你，有时候忽视你。只不过爱的时候比不爱的时候多，他就成了你的伴侣了。不爱的时候更多时，你们就分开了。

他爱不爱你是一回事，你有没有感受到被爱则是另外一回事。这个世界上有太多这样的故事：一个人为你做了很多，并且扬言他是多么多么爱你的，却让你感觉到快要窒息的压力，让你想逃离。

爱自己，就是为自己做一点事情，让自己感受到快乐、轻松、幸福、享受和生活的意义。

2. 爱自己，不是一种形式主义

爱自己不是一种形式主义。给自己花很多钱，买好多好吃的，买名牌包包，穿着讲究，不一定就是爱自己。如果你为自己做这些的时候，你感觉到放松与愉悦，那很好。

但是如果你在做这些的时候感觉到焦虑与压力，心疼与不舍，在结束后自责与恐慌，看着衣柜那么多衣服骂自己，看着银行卡数字减少而后悔想剁手，那就不是爱自己。

因为如果花钱带给你的，并不是愉悦，而是非常糟糕的感受体验，那这就是自虐。这时候如果你发现不买东西节约钱，反而会带来一种心安和成就感，那么不买东西就是爱自己。

同样休息、度假、放纵、散漫，都不一定是爱自己。如果你在休息的时候，感觉到舒服与放松，那是爱自己，因为你在享受休息。

但是如果你在休息的时候感觉到焦虑，总是想工作而无法放松，总是担心自己在浪费时间，那么这是自虐，而非爱自己。

如果你在焦虑的时候，拿起了工作，奋笔疾书，完成了工作获得了成就感，非常享受。那么工作就是爱自己。

“鸡汤学家”们经常说：爱自己，就是要保持自己的独立，就是自己满足自己。但在我看来，这种说法也不全面。如果你自己处理事情时游刃有余，或者在克服困难后成就感爆棚，自信满满，那么独立就是爱自己，因为你真的在享受独立的过程和感觉。

可是如果独立的过程，让你感觉到压力、寂寞、辛苦、孤独与委屈，那么独立的过程就是自虐。这时候依赖一个可靠的人，才是爱自己。

爱自己不是一种形式主义。不是别人说什么就做什么，才是爱自己。

就像开心一样，很多人都能从买衣服、旅游中获得开心，然而这对你来说未必是享受。你跟风去做这些事情，可能只是在自虐。让自己开心的办法，不是做大家都觉得应该的事，而是去问问你的心：有什么，能让我真的感觉到开心？

爱自己的内核，就是问问自己：

此刻，我做什么，会感觉到舒适、轻松与快乐？

3. 人是矛盾的结合体

人是矛盾的结合体。做一些事情，有时会让你既感觉到痛苦，又感觉到安心。比如说上进、不浪费时间、节约、努力、勤劳、坚强、健身等。

在做这些事情的时候，有时是非常痛苦的。对于某些人来说必须通过强大的理性强迫自己去做，痛苦而煎熬，时常想放弃却又无法放弃。

因为放弃更痛苦。如果真的变得懒散、浪费、拖延了，虽然轻松了，但是你更承受不了。做前面这些痛苦的事，虽然痛苦，但起码心安。就像在熬夜奋斗争第一的时候，虽然煎熬，但是心安。

有些痛苦，是伴随着心安的。有些享受，是伴随着焦虑的。

两者比较，我们大部分人就会选择吃苦，而不会选择享受。李鸣老师曾说：“这个世界上，没有受不了的苦，只有享不了的福。”因为伴随着焦虑的享受，实际上比受苦更难受。

人是拖延与果断、懒惰与勤奋、放纵与奋斗、浪费与节约的结合体。如果果断、勤奋、奋斗、节约等是A，拖延、懒惰、放纵、浪费是 -A，那么这个世界上没有几个人可以做到一辈子只A而不 -A。

爱自己，就是当我的身体需要的时候，我愿意去照顾它一下。当我的心情需要的时候，我愿意去照顾它一下。当我没做好的时候，我愿意放过自己。当我没有实现自己高要求的时候，我愿意告诉自己，这是可以的。

这时候愿意放过自己一点，就是爱自己。

如此就有享受得起的福了。一个人只有敢享福，在吃苦的时候才会更心甘情愿。你要相信，一个人在轻松的状态下，是非常愿意去做更多的事，获取更多的成功的。

4. 爱自己

爱自己，不应该只是一个口号。你有没有静下来，认真想一想：到底做什么，才会让你真的开心，让你觉得真正有意义？自己想要的到底是什么，你愿意为自己花心思吗？每天的你，在爱自己吗？

当我们无法爱自己的时候，才会太需要别人的爱。因为需要别人的意思，就是你无法照顾你自己。虽然我们做不到完全不需要别人完全爱自己，但我们可以在自己的能力范围内，给自己更多的爱。

愿你能，先爱你自己。愿你每天都是情人节。

想要被爱，放低姿态

1

我见过很多人用愤怒、指责、抱怨、哀求的方式来索求爱，他们的成功率低之又低。即使对方满足了他们的需求，也常常是妥协的一种结果，并非发自内心的爱。

但是很多人用示弱、赞扬、撒娇的方式，却会得到一些爱，并且给予他们爱的人还很满足。

在一段关系中，如果你想得到对方的爱，示弱是个很好的办法。虽然示弱不一定能得到爱，但是逞强是一定得不到的。因为爱只能由强者流向弱者。就像水一样，在自然状态下，只能由高处流向低处。

爱是一种给予，一种付出。那就只能由多的流向少的。一个人的爱很多，他就是强者。一个人的爱很匮乏，他就是弱者。

当你需要对方的爱，当你对他有了需要，你就已经在一种需要者角色上了。你需要别人，还要让自己看起来很强大，那就可能会什么都得不到。

你在索爱的时候，无法放低姿态，爱就会流不进来。

你常说关系是平等的。什么是平等？平等就是有时候我高姿态，有时候你高姿态，有时候我俩姿态平等。

你从来没有低过，怎么能算平等？平等就是有时候你需要我，有时候我需要你，有时候我们彼此不需要。

2

指责是一种高姿态。虽然在指责的时候，你的内心极度虚弱、无助。但你依然要用防御机制来避免对方发现你的这种恐惧。

你防御的方式，就是使用看起来强大的方式掩盖自己内心的脆弱。

既然你掩盖了自己的脆弱，在别人看来，你指责的时候，就是无比强大，让人害怕。一个人在被你吓坏了的时候，还有很多能量来爱你吗？他只会因为恐惧、压力而向你妥协或离开你，并且积累对你的恨。

除非他强大到一定的境界，才能识破你的防御。看到你的脆弱之后，他还需要确认“自己其实很强大”，才有能力去爱你。

这要求太高。

在恋爱初期的双方比较容易做到。这时候的他们，为了得到对方的依恋，要塑造一个“我很强大”的假象。但这个过程必然难以持续，因为人只能暂时回避自己的需要，强迫自己变得强大，但不能做到永远假装强大。

3

哀求和付出是一种高姿态。

当你苦苦哀求对方不要走，拼命讨好付出，姿态卑微到尘埃里，一副可怜的受害者样子，你呈现出来的姿态依然是高的，对方感知到的你依然是强大的。

因为“受害者”这三个字，本身就是高姿态，具有攻击性。他把自己放到了一个道德制高点，仿佛在说我都这么可怜了，你还不对我好，你就不是人，良心被狗吃了。

“付出者”这三个字也具有高姿态的攻击性：我都做了这么多了，还换不回你的真心，你就是不对的！所以当你以受害者的姿态哀求的时候，对方感受到的是被威胁、被强迫，很有压力。表面上你的姿态在放低，但实际上你没放低。这是一种虚弱的夸大，一种威胁的手段。

被哀求的人，无法给出他的爱。他的潜意识会觉得自己遇上了“吸血鬼”：爱了也白爱，给了也白给。因为受害者就像是一个无底洞，无论你做什么，他都觉得你不够爱他，而继续抱怨。哀求、付出里夹杂了抱怨，爱就流不进来。

4

高姿态的标志，就是攻击。

如果你有了“你就是应该为我……”“你就是欠我的”“男人／女人就应该……”之类的想法，对方感知到的你就是强大的。

攻击，是潜意识防御别人发现自己虚弱的一种表现。一防御，就看起来强大了。攻击会把对方搞弱。把对方搞弱了，还要他来对你付出，是个非常不明智的行为。

当一个人把自己弄到了攻击者的强大位置上，别人就只会害怕他，离开他。

反之，低姿态的标志，就是示弱，就是承认，我很需要你。你并不欠我的，你完全可以不满足我，但我好需要你，需要你保护我，呵护我，满足我。

男人或女人在对方面前示弱、撒娇的时候，他一定是先给予了对方极大的肯定：我是弱的，你是强的。

撒娇、会赞美、会娇气的女生，或许在有些人眼里像狐狸精，但她们做了非常大的一个付出：借助她们，男生感觉到了自己是个男人。但在看起来凶巴巴、强悍的女生面前，男生就只会成为一个被吓坏的小孩，只想通过压制、逃跑来防御。反之亦然。一个会撒娇的男人，同样会让女生感觉到自己的价值。

所以，你若看起来像个大人，他必成为小孩。你若看起来像个宝宝，他就会成为有爱的大人。

放低姿态的方法有两种：

①示弱。示弱是真诚展示自己的软弱，而不是假装。

②肯定对方的强。真诚表达出来对方的强大、厉害。

先把他放到强大的位置上，再向他索取，才是明智的选择。

5

示弱对一些人是困难的。

因为示弱对他们来说，意味着低自尊、懦弱、无能。

当一个人把自己放到软弱的位置上时，别人有了至少两种对待他的可能：

①保护他；

②伤害他。

软弱是有会被保护的可能的，但也只有软弱才能被保护。强者需要被保护吗？逞强也是看起来强啊，这种人需要被保护吗？

软弱也可能被伤害，自古就有“人善被人欺”的说法。你把心掏给另外一个人，他却给予你无情的讽刺，没有比这更打击人的了。

如果在你的经验中，被保护的时候较多，你的自动反应就是：

我脆弱，就会被保护。所以当你遇到痛苦的时候，就能坦然展示自己的脆弱，寻求帮助。

如果在你的经验中，被伤害的时候较多，你的自动反应就是：我软弱，就会被欺负。所以当你陷入痛苦的时候，第一反应就是要逞强防御，保护自己。

你发飙逞强没错。你错的是，你发飙逞强了，还要人家把你当弱小鸡来爱。

6

人的经验决定了他的第一反应。第一反应又决定了他要使用什么样的姿态。

经验哪来的呢？绝不是眼前这个人给你的。一个人有良好的经验，眼前人的伤害，顶多让我们离开他，并不会改变我们的认知。

经验来自于更早期：从小低姿态大都是不被允许的。你需要妈妈，妈妈说不。你向她展示自己的弱，只会被她无视、嫌弃、指责。

她会把你的生活照顾得很好，但在心理上不会哄你、安慰你、保护你。当你需要她，她只会告诉你：别惯坏了，自己来。

可你又有需要，所以只能让自己变成看起来很强大的样子，边保护着自己，边不再相信别人。

7

低姿态是中性的，并不是所有人都会因此而伤害你。

成长的过程伴随着尝试和冒险。你可以尝试下新的经验。坦诚地放低自己试试，在不被满足后再收起来也不迟，起码有了被满足的可能性。

但是一开始你就以高姿态索爱，失败就是一种必然。你要知道：最柔软的最坚强。

你只懂得如何优秀，却不明白如何去爱

1. 优秀了就会被爱？

人类所有的心灵之苦，本质上来说都是缺爱之苦。为了补偿，人会发展出很多行为来获得爱，比如说，变得优秀。

优秀的定义很广泛，每个人对优秀的理解也不一样。比如，蒋方舟在《奇葩大会》上说："真正能够欣赏你的人，永远欣赏的是你骄傲的样了，而不是你故作谦卑和故作讨喜的样子。"那么她认为的优秀就是"骄傲"。

换另外一个人，就会觉得："真正能够欣赏你的人，永远欣赏的是你像成熟的高粱般谦卑的样子，而不是不成熟的张扬和自以为是的骄傲。"那这个人认为的优秀就是"谦卑"。

我们不去说客观的优秀是什么，一个人只要潜意识里形成某个逻辑，他就会追求他自己世界里的优秀。这个逻辑就是：如果我成为 A，别人就会喜欢我。

A 可以是骄傲、谦卑、独立、自信、外向、幽默等特质；也可以是会打球、会写书、会写代码、会画画、会学习等能力；还可以是有业绩、第一名、颜值高、腿长、胸大、年龄小、钱多等；

更可以是无私、人好、体贴、善解人意等。与这些好的特点相反的就是 -A。

当潜意识里感觉到自己不被喜欢，我们就会努力提高自己的市场价值。

比如说：拼命嫌弃自己。

我们会每天沉浸在自责、自嫌中，希望把自己身上的 -A 全部改掉。“鸡汤学家”们常教人接纳自己，可只要我们还认为“-A 不被人喜欢”，我们就不可能接纳自己的 -A。因为我们嫌弃自己的目的，就是为了扔掉 -A，以避免被别人的嫌弃。

比如说：努力改变自己。

努力、改变、成长、奋斗，我们用很多好听的词鼓励自己改变，沉浸在熬夜、焦虑、自我强迫中，以成为 A 的样子，获得别人的喜欢。

比如说：装。

努力是劳累而缓慢的，可被人喜欢这事等待不得。所以别怪那些爱装的人，他们很可能太缺爱，又没有得到。如果展示真实的我就一定可以得到爱，谁还愿意装呢？追求优秀的过程，是无法避免焦虑和痛苦的，甚至有时候还有抑郁和绝望。

但很多人依然停不下追求的脚步，因为我们太渴望被爱。我们也的确看到：身边那些优秀的人，获得的爱确实比我们多。我们自己甚至也会喜欢、嫉妒他们。可你有没有想过：为什么你优秀了，别人就会喜欢你？

2. 优秀不同于亲密

我们喜欢优秀的人，是因为在优秀的人身上，我们看到了理想的自己。

我喜欢的你的特质，其实都是我渴望拥有的。我因为你有钱而喜欢你，是因为我想有钱。我因为你自信而喜欢你，是因为我想自信。

我内心也有这些愿望，只是实现不了，而且我不能承认自己有这样的愿望，甚至没有意识到自己有这样的愿望。这种喜欢就是：我好羡慕你，好想成为你。这种喜欢，只能远观。

当你跟优秀的人有距离的时候，你会觉得他特别好，很想靠近他。但是当你真正靠近他了之后，你会发现：你优秀与否，与你能否靠近他的心，完全是两回事。

所以优秀，不一定带来亲密，有时候反而会阻碍亲密。你要花时间、精力来维持你的优秀，那你就没时间经营感情。另外，你的优秀会让别人体验到自卑，感觉到被攻击。

而亲密的意思，就是情感的流动，你感觉你们的心是在一起的。你跟他在一起，是舒服的、幸福的、有根的，无关于他的外在和他拥有的品质，只是跟你在一起，就觉得很好。

通过优秀建立的关系，在有些情况下是虚假的、远距离的关系。因为这时候他人喜欢你，并不是你，而是你的优秀。换一个人也一样。

而通过亲密建立的关系，才是真正的、近距离的关系，这种喜欢，即使你有很多缺点，也谁都不可以替代。

有些关系，会从欣赏优秀开始，幸运地转化为亲密，继续在一起。不幸运的在一起后会发现相处不来，相爱相杀，撕扯分开。

优秀本身能吸引关系，并不一定能建立关系。

3. 何为亲密?

亲密是什么?

亲密就是你觉得这个人喜欢你，爱你，只是因为是你，不是因为你的任何。

在他面前，你相信自己是被接纳的，即使你有百般缺点。你相信自己是被欣赏的，即使你露出最狼狈的那面。你相信自己是被允许的，即使你做错了事，说错了话。

亲密，就是在他面前，你成为真实的自己，不那么优秀的自己。如何吸引别人，需要你变得优秀。但是建立牢固的亲密关系，则需要把优秀的你还原为更加真实的你。

4. 如何与人亲密呢?

优秀是，在我面前，我感觉你很好，我好羡慕。亲密则是，在你面前，我感觉我很好，我好舒服。所以与人亲密，其实就是如何让人舒服。

那如何与人亲密呢？两个字可以解决：容器。

当一个人能承载你的情绪，你就会感觉跟他很亲密了。当你愤怒的时候,你可以向他发火。当你委屈的时候,你可以向他哭诉。当你孤独的时候，你可以找他陪伴。当你开心的时候，你会马上跟他分享。

你知道他是安全的，是有能力做到的，这时候，你就会感觉到他是亲密的。其实他只做了一件事，就是做你情绪的容器。你的情绪借助于他，实现了流动，当情绪产生流动的时候，亲密就产生了。

能完全做到这些的，是非常理想化的人，现实中，从来没有人能做到 100 分。但是这个人能做到多少，你就能体验到多少亲密。同样，你能做到多少，对方就会感觉到你与他有多亲密。

所以你知道为什么有那么多人喜欢心理咨询师吗?因为咨询师们分享了来访者的心情，他们之间就产生了一种特别的亲密。

如果你想被深度爱，就去找一个能消化你情绪的人，而不仅仅是努力把自己变得优秀。如果你想爱别人，亦是如此。

容纳别人的情绪，是个非常了不起的能力。

这个能力怎么建立呢？原理上我可以跟你说下，分两步：

①识别。

如果你想“被亲密”，你就要识别自己的情绪，并且表达情绪。如果你想让人跟你亲密，你就要学会识别他人没有表达出来的情绪。

②消化。

当情绪被识别后，你就要为让别人消化或消化别人的情绪做点工作了。

这两步都非常重要。

所以我其实很欣赏那些愿意表达自己情绪的人，他们敞开了自己，给了你一个机会，让你可以跟他亲密。

他们省去了第一步，你只做第二步就可以了。

有时他们其实也很可怜，他们向你暴露情绪时，你没理会，没消化他们的情绪，他们就会很难受。

比如说，当你对一个人说：“我对你很愤怒。”那人却不理你，这时候其实比你不说出来还难受的。

还有表达情绪，不是用情绪表达，这两者非常不一样。

5. 最后……

爱有两种，一种是欣赏，一种是亲密。

如果你只是想吸引别人远远望着你，让你感觉自己像拥有众多粉丝的明星们，你努力追求优秀就可以了。

你越优秀，想靠近你的人越多。但，如果你想获得一段真正的关系，朝夕相处，心心相印，只倚靠优秀的品质、能力是不能解决的。因为你既然用优秀吸引别人，就要时刻保持优秀，不要暴露自己的狼狈。要掩饰，就得跟人保持距离。

亲密的关系中，也有欣赏。

那种欣赏是：因为你很好，所以你哪里都好。这跟你 A 好，我才觉得你好，截然不同，重点不一样。

这两种爱的实现方法，截然不同。所以你要想好了，你想要哪种，就去发展哪种。毕竟人的精力是有限的。

被爱，是有风险的，你敢吗

1. 自我暴露才能被爱

爱无能的人，通常不仅是付出无能，更是接受无能。他们不仅付出困难，在感情里显得计较、胆怯，生怕付出太多。他们在接受别人的爱的时候，也显得十分困难，非常渴望但不敢敞开接受。

我们先从亲密是怎么产生的开始讲。

你有不行、不会的地方，别人就有了为你施展的机会。所以，很多时候学霸“全能妹”让人高山仰止，有道题不会做的妹子就得到了爱；能换灯泡的姑娘让人敬佩，拧不开瓶盖的姑娘却获得了爱。

你有消化不了的情绪，别人就有机会帮你消化；你有无法认可自己的部分，别人就有机会给你认可；你没有勇气再坚持，别人就能给你鼓励；你没有能力表达清楚自己，别人就能给你理解。这时候你就体验到亲密了。

你有些地方不完美，需要别人帮你。别人为你做了，你就感觉到亲密了。

所以亲密是什么？亲密就是融合，就是自我功能的外包。我自己的一部分完成不了，你替我完成了，你就成了我的一部分，我们捆绑在了一起，界限有了一些消融。

所以亲密具有占有性，排他性。你是我的一部分，怎么能随意供给别人。不分友情、亲情、爱情，亲兄弟都会为得到妈妈的爱而互相攻击。

所以如果你什么都好，什么都会，什么都不缺，别人是没有机会爱你的。因为别人没有能融入你的地方。这就是我以前在文章里常说的“完美是不配被爱的”。你总得有点地方不好，才让别人有机会展示自己。

所以不完美是可以被接纳的，正是不完美，才让人有了爱你的空间啊。你要是完美了，还用被爱吗？

可是你的不完美，你自己知道，别人知道吗？你让别人了解过真实的你吗？亲密来自满足，而满足来自“暴露”。是自我暴露，让你有了被接住脆弱的机会，让你有了被满足的机会。

自我暴露，你就有了被爱的可能。

2. 为什么你不敢暴露

暴露只是让你有了被满足的机会和可能。这与被满足，还是有距离的。自我暴露是有风险的，除了可能被别人接住，更可能被别人伤害。

当我们开始尝试跟对方暴露自己内心深处的伤疤、悲伤、自卑、脆弱、挣扎的时候，我们就是把自己的内心交给了对方。这时候我们是期待对方能小心呵护它，消化它，珍惜它。当我们内心的脆弱被接住的时候，他就收服了我们的心。如果这时候没被接住，我们就受伤了。

别人伤害它的方式，包括：没兴趣，不理解，打击，讽刺，否定。当你跟一个人讲你的难过，他没有倾听，打岔去干别的了，不专心，你就会更难过。以前我会跟女朋友讲让我难过的一件事，然而她更热衷于八卦，不停追问那人是怎样的，那事是怎样的，完全无视我的难过，让我不得不抑制住自己的难过，先满足她八卦的心。

经常有读者留言，他们跟伴侣讲自己的自卑和失败的时候，伴侣的答复是你要改啊，肯定是你的问题啊，你要优秀啊。他们就会默默收回自己的心，不想再倾诉。

当你暴露自己的脆弱、自卑和悲伤，对方却回以你漠然和打击，告诉你是你自己有问题，没有比这更让自己受伤的了。用鸡汤的话说：比敌人更可怕的，是猪一样的队友。

当悲伤经常不被理解，我们就渐渐封闭自己的心了。虽然孤独，但是安全。不敢暴露，是因为太怕受伤了。

3. 不要以为被爱就是好的

当你暴露脆弱，不要以为被接住了就是好的。如果有人愿意给你温暖、安慰你的悲伤、融化你的自卑、给你以面对世界的力量，这时候你就被爱了。你敢敞开来接受吗？

一个姑娘曾经跟我说，她很怕那种暖暖的男生，很怕自己被融化，感觉那样会失控。其实她怕的失控，就是依赖。

如果有人接住了你的脆弱，你就开始了依赖他。他接住得越多，你就越是依赖。你将体验到一种极大的亲密，这种亲密可能是你不熟悉的，从小到大都没怎么经历过的亲密。所以你就会把自我功能过多的外包给他，好像他是你的全部。

依赖是可怕的，因为过分依赖让人失去自我。其实依赖只是让自我转移了，转移到别人身上了，别人开始代替你完成自我。

就像我们依赖电脑和手机。我都快要丧失写字的能力了，丧失说话的能力了。手机和电脑的这部分功能比我的自我功能更强大，所以我无意识地更加依赖它们。

不同的是，我不怕依赖电脑和手机，它们是可控的。人就不一定可控了，万一他哪天切断了这个依赖怎么办？万一他不开心了离开我怎么办？他若离开了，简直是带走了我的大部分自我。所以失恋的人会痛不欲生，自我被抽走了，太痛了。

怎样才能避免依赖后还被抛弃的痛呢？

最好的办法，就是一开始就不依赖，不暴露。不暴露就不会给别人机会暖化你，不暖化就不会依赖，不依赖就不会失去。

不是谁都能承受得住亲密的。亲密是需要勇气的，比孤独更难。比独立更难的，其实是依赖。不依赖虽然孤独，但是安全。

4. 怎么办

①现实检验力。

人其实很有意思。被爱需要暴露脆弱，可是又不敢暴露。暴露脆弱后怕对方接不住会受伤，对方接住了又怕会过分依赖他。不暴露又觉得孤独。反正怎么你都不会满意。

那怎么办呢？幸亏我是个心理学家，总是有办法的。

当我们暴露脆弱，其实所有人都能接住的。只不过要视情况区别对待：有些内容能接住，有些内容接不住；有些时候能接住，有些时候接不住；有些程度能接住，有些程度接不住。

所以每个人都能接住你的部分脆弱，只不过地方、时间、程度不同。没人能接住你全部的脆弱，也没有人能全部无视你的脆弱。

比如你说胸小、腿短、年纪大、自卑，男朋友可能能接住。但你胖还管不住嘴爱吃，男朋友就不一定能接住了。这是内容不同。

男朋友心情好的时候，能接住你说领导不好，听你抱怨。心情不好的时候，就会指责你，说你有问题你要改了。这是时间不同。

你 10 天暴露了 1 次小难过，男朋友赶紧趁机安慰你。但是你 1 天暴露 10 次的伤心，男朋友就会觉得你负能量了。这是程度不同。

所以在对方能承受的内容、时间、程度，去暴露脆弱，对方就能接住你的脆弱了。

是不是觉得很难呀？这个取决于你有没有极其重要的一种能力——现实检验力。

人们都处在人与人的关系里，我们不仅要考虑自己的需求，还要考虑对方的承受能力。现实检验能力，就是在多大程度上能清楚地看到此刻我的需求是多少，对方的承受力是多少。我们需要知道，他能承受我多少暴露与依赖。

人的承受力并不是固定的。它只在当下，在此时此地，在不同时间和不同地点也是不一样的。

提高现实检验力，你就可以：

在他人能承受的范围内暴露，在不能承受的范围自我封闭，而不必再一刀切，完全否定他人，不敢向对方暴露了，也不必什么都暴露，然后责怪对方不懂你。

在他人可依赖的时候依赖，不可依赖的时候独立，而不必再一刀切，完全选择独立，丝毫不敢去建立亲密关系了，也不必完全依赖，责怪对方接不住你的依赖。

一刀切，就好像对方不能全部接住你的脆弱，就不再是一个可靠的人；好像对方有离开的可能，就不再是一个值得依赖的人。

能暴露的部分暴露，享受亲密；不能暴露的部分忍受，接受孤独。这就是健康的亲密关系：既有亲密，又有独立。

②心灵恢复力。

现实检验能力只能让你更接近现实，不能完全与现实吻合。你有时候没暴露对就是会受伤。你进入与对方的亲密关系，就会有心理受伤的可能，不可避免。

你问一个运动员，他有没有受过伤，你得到 Yes 的回答率将会是 100%。那他为什么还要去做运动员呢？因为他热爱运动，也能承受受伤的可能，并且相信自己的身体恢复力。心灵也是这样，每个人的心灵也有恢复力，我们大部分的人都能从难过中恢复过来。所以我们可以承受受伤。

一位运动员在运动前，一定要做好两点准备：

①做好保护措施，尽量避免受伤。

②做好心理准备，运动可能受伤。

进入一段关系也是这样的。现实检验，就是保护措施。你要确认此刻对方的承受范围在哪，然后去暴露和依赖。去依赖就有受伤的可能，一旦发生，就默默承受吧。

所以我们要提高自己的心灵恢复力。亲密关系的建立，是需要冒险的。不要期待在一段关系里不会受伤。受伤与爱，都是一段关系的必备元素。重要的是在爱来的时候，享受；在受伤的时候，承受。

有次，我给心目中的女神发了个消息，她没有回复我。我有点难过，觉得不被在乎。我希望她能够回应我的需求没有得到满足，但我没有一直难过下去，也没有封闭自己。我很开心，因为跟以前的我相比，我的变化太大了。

大学以前，我保护自己的方式就是，绝不再主动，这样我就能保护自己了。所以我越来越内向，其实就是太脆弱。学了心理学后，我的方式是：想得到的时候就主动，在未被满足的时候，勇敢承受这点不舒服。

怎样才能喜欢自己

1. 你嫌弃自己吗?

人多半的心理问题，来自于不喜欢自己。每天都觉得自己这也不够好，那也不够好。然后自卑、焦虑、努力、改正，希望自己能变成理想的模样。

在我们的一些培训中，有时候会做一个优点练习，邀请成员讲出自己的三个优点。这个练习中，很多人会拧巴着不愿意先讲，讲的时候也要搜肠刮肚硬是挤出一个：我很善良。然而让他们讲自己缺点的时候，则可以滔滔不绝。

嫌弃自己，什么时候开始变得那么日常。总感觉，今天没嫌弃自己，像是今天没吃饭一样。

不如你也问问自己：你有哪些缺点？你有哪些优点？

在一张纸上尝试着写下来，并思考你对这两者的情感浓度是否是一样的。

“鸡汤学家”们会教人：你要喜欢你自己，欣赏你自己，认可你自己，爱你自己。

在学心理学之初，听到这样的言论，我会热血沸腾，如获至宝。原来幸福的秘诀，就是自我认可呀。

所以我每天都要告诉自己：你已经很棒了。为了让这种感觉更真实，我会寻找证据：你看，你比甲乙丙丁都棒了，你都获得很多成就了。

然而每当我照镜子的时候，就又一次开始怀疑人生：你也不够帅，不够有钱，不够聪明，不够努力，不够勤奋，不够有爱，还有这么多心理问题。生活让你如此艰辛，你怎么能欺骗自己说“我喜欢自己”？

然后又开始嫌弃自己：为什么你都不能欣赏你自己！欣赏自己的路，真的又累又让我有挫败感。这不得不让我反思，一定是哪出问题了。心理学如果不能让人轻松改变，一定是伪心理学。

2. 自我认可，是一件特别难的事

自己夸自己的时候，忽视了一个重要的问题：别人喜不喜欢自己重要吗?

把你放到孤岛上一个人生活，你唯一的观察者就是阿猪、阿虎、阿鹿和阿鱼。你每天都觉得自己很棒，非常非常棒。这样的认可有意义吗？你非常喜欢自己，觉得自己非常棒。然而周围的人对你的评价都很糟糕，你也并不在意。这样真的好吗?

失去了观察者，人还需要自我认可吗?

人喜欢不喜欢自己其实没那么重要，重要的是别人有没有喜欢你。人是活在关系里的，我们需要获得别人的喜欢。努力获得别人的喜欢，是我们的生本能。人的潜意识是相信优胜劣汰的，我们怕被抛弃，所以要花大量的时间来提升自己，改变自己，以获得更多的喜欢。这正是人的聪明之处。

别人都不喜欢你，你还在那狂热地喜欢自己。这是典型的自恋型人格障碍，丧失了社会功能，无法在社会上很好地活下去的。

喜欢自己，来自于环境的确认。环境对人催眠的力量，远远大于自我催眠。当周围的人都开始喜欢你，不断地发现其实你很好，你从他们的眼睛中不断确认自己是好的。你就开始慢慢相信自己是好的了。

即使你很喜欢自己，当周围的环境不断地给你否定、批评着你的糟糕，而你又离不开这个环境，时间久了，你也会渐渐开始自我怀疑。这就是从众心理。

人对自己的怀疑能达什么程度呢？从众心理的实验中，当 6 个人说一根 20 厘米的线段跟一根 10 厘米的线段一样长的时候，第 7 个人就会怀疑自己的视觉。

何况“我是不是好的”这个主观想法，人更容易被影响。

3. 怎样才能自我认可？

对于婴儿来说，他对自己的认识是空白的。他长大的过程中，如果爸爸妈妈反复给他输入“你很好，我们很喜欢你”的概念，婴儿就从父母的眼神中得到了确认，相信自己是好的。他这个自我认可的认知就是相对稳定的。

当他长大后，在面对环境对他的否定的时候，他就能抵御一段时间。当环境的否定超出了他的自我认可稳固度的时候，就会陷入自我怀疑。

如果在婴儿长大的过程中，爸爸妈妈总是盯着他的缺点，反复给他输入“你不好，我们不喜欢你”的概念，婴儿就相信了自己是不好的。他长大后，对环境给他的否定，承受力就相对较低。别人随便否定他，他就会陷入全面的自我怀疑。

这时候环境的一般认可根本抵消不了“我是糟糕的”自我认知。他需要大量的环境认可，才能重新矫正这个认知，建立起“我很好”的自我概念。

自我认知，其实来自两方面：

①小时候，爸爸妈妈对你的认可，让你建立起对于自己的认知。

②长大后，周围的人对你的认可或否定，让你尝试重新修整你对于自己的认知。

这两个方面都是来自他人，我们都是从他人眼里知道了自己是什么样子的。小时候那是没办法的事了。重点是，长大后，你怎么才能重新自我认可呢？答案就是：让别人更多地认可你！

4. 怎样让别人认可你?

到这里你就发现人有多聪明了。人的潜意识已经掌握了这个规律了,所以人要改变自己,让自己变得更好,以获得更多的认可。

不喜欢自己的人，都有一个共同的特点：盲目努力。连自己努力都不认可的人,则会陷入焦虑。觉得自己特别懒,特别不努力,特别没力气，想改又改不了，所以焦虑。

努力改变自己的人，在焦虑中非常匆忙，以至于没有时间停下来问自己这个问题：别人真的不喜欢我吗？还是我自己觉得别人不会喜欢这样的我。

喜欢你的人其实一直都很多，你被喜欢的地方也很多。只是你没时间、没心思、没精力去发现。你总是着急改变自己，以获得别人的喜欢，却没有停下来思考，你被别人喜欢吗?

其实别人的喜欢，不是来自你努力改变自己，而是来自发现——发现别人一直都很喜欢你!

虽然这个世界上，总有些人不喜欢你，有些人不喜欢你的某些方面，但这不影响另外两件事：

①有人喜欢你!

②你有的地方很让人喜欢!

你不知道的是，你在别人眼里的优点，其实比在自己眼里的多。当然，特别亲密的人可能除外。两个人过于亲密的时候，有时候会只看见缺点。

别人的看法还是要在意的。不在意别人的看法，你怎么能知道你很好呢？只不过多在意些别人说你的好，少在意些别人说你的差。最起码要均衡，别只在意别人说你的差。

5. 发现别人认可你的绝招

怎么发现呢？如果你没准备好接受，别人夸你是没有用的。

一个姑娘说她不喜欢自己，觉得自己很失败。我说：“你很厉害呀，你都获得了那么多荣耀了。”姑娘说：“但是我很拖延。”我夸她 A，她就要补充“但是我 -B 啊”。

发现别人在认可你，一定是建立在你准备好听的基础上的。不然别人的认可，你都是识别不到的。

怎么做呢？一句话就可以解决。

如果你愿意反复练习这句话，你将会变得越来越喜欢自己。当然你要记得，喜欢自己，自我认可，不是一天两天练成的。这句话需要反复练习、长期练习，跟减肥一样，需要一个累积的过程。但是比减肥简单的是，这个办法只有一句话。非常简单。你只要反复练习就好啦。

这句话就是：你觉得我哪里好呢？

不是告诉自己“我很好”，而是去问别人“我哪里好”。当你主动去问的时候，就比别人主动告诉你的时候，更准备好了接受。所以主动问，才是更有效果的。

如果你觉得干巴巴地说出来有些突兀的话，你就可以做很多铺垫了。你可以问：“问你个问题哎，你喜欢我吗？喜欢我哪呢？你觉得我这个人有哪些优点？”你展开一个谈话，建立一个情境，然后引出这句话来就好了。

然后对方会告诉你：你可爱、优秀、勇敢、努力、独立、上进、长得好看……你可能会不相信，觉得这些字跟你有什么关系啊。他是安慰你的吧，敷衍你的吧。

那你可以进一步问：能举例说明吗？然后对方就会告诉你，他为什么觉得你有这些优点，通过现实中的例子来确认，你会更加确认的。

一次两次，你有所怀疑。当你听到周围的 100 个人说了 100 次同一个特点后，你就开始渐渐相信了。这个就是内化的过程。

“你喜欢我什么？”“你觉得我哪里好”，这种话，不要只问一个人，要去问 100 个人。只问一个人，问 100 遍，你也很难确认这是你的优点，因为样本不充分。但是问 100 个人，你就可以更确认了。

不排除就是有人说不出你一个好来。那你一定要知道，这绝对是他有问题。

6. 难处

唯一的难处，就是主动。仿佛我们主动寻求夸奖，是件羞耻的事情。

以前人们教你：要多询问别人的意见，多虚心接受别人的建议。别人指出你的缺点，是为你好。

实际上，我们也需要别人指出我们的优点。

爱需经由懂得才能发生

人类存在于这个世界上，经历着三大关于生命的主题：生、死、爱。生与死是生命的起点与终点，爱则是生命的过程，甚至全部。人们通过爱与外在产生连接，也通过爱得以生存和美丽。

我们活在这个世界上离不开爱，我们想爱自己，让自己开心幸福，阳光自信，对未来充满希望，对与他人的关系充满信心。我们想爱他人，能给身边的人带来温暖，能在人际关系中坦然豁达。我们也希望能被人爱，当我们脆弱的时候给予一点安慰，当我们受伤的时候给予一点能量，当我们无助的时候听到一句“还有我在”。

然而似乎这个世界上并没有这么如意，爱常常被阻隔。因为我们不懂得。

我们不能很好地爱自己，于是对自己充满了苛刻与自责，咒骂自己拖延无能力，塑造了一个美好的“理想我”而又踌躇不能实现。我们对自己的苛刻源自不能懂得自己，不能了解自己的内心世界，不能把握好自己，盲目的认同外界关于好的标准，想抓住一个大家公认的好而失去了自己，我们懂得了世界的标准却忘记了懂自己，所以痛苦。

你是谁？你适合什么？你真正想要的是什么？你用什么来展现和实现自我价值？对于这些问题，我们唯有更好的懂自己，才能得到答案。而只有得到这些答案，我们才能拿到通往幸福和成功的钥匙，走出属于自己的富足的路，而不是一味盲目地努力刻苦。

懂得自己，才能与自己的关系和谐，才能适时地满足自己的渴望。能够满足自己的渴望，你就是圆满的人，你的存在对于他人来说就是安全的。不必因与人交往的时候过于索取而感到难过，不必在得不到的时候感到失落而无助。

我们对他人的爱也是如此。无数次尝试去帮助别人，却又无数次吃了闭门羹。我们曾看着家人和朋友走了弯路而干着急，我们曾看着身边的人做了错事而大吼大叫，我们通过无数次的争吵、说教帮助他们，也曾心甘情愿付出一切来照顾他们以让他们幸福，但是似乎到头来却是失败的比成功的多，落得个“最后感动的只是自己”的下场。

这种软与硬兼施的爱就像攻城一样，企图打入他的心却失败。于是我们的挫败感更强烈：为什么我对他那么好，他却要那么对我。为什么他那么不知好歹。

爱除了付出外，还有一个接收的问题。古人云：“知己知彼，百战不殆。不知彼而知己，一胜一负；不知彼不知己，每战必殆。”也就是说你如果不能懂得他人，你付出的爱就只有 50% 被接收，这就是人们常说的“我知道你是为我好，但我就是接受不了”。如果你连自己付出爱的方式也不知道，连他人能接收爱的方式也不知道，那么你的爱就付之东流了。更可怕的是，你不懂他人，你的爱就无法被接受。你不懂自己，你付出爱的方式也无法自知。最后你也成了一个需要爱的人，你就给了他人双倍的压力：一方面，你没有把爱给到；另一方面，还期待他人回馈爱给你。不要说你对付出没有任何回馈的期待，而期待他人遵从、接收、珍惜、感恩等都是期待回馈。

懂得他人就是去了解：他想要什么？他的方式是怎样的？他的心在说什么？他的内心经历了什么？什么对他来说是敏感的？什么对他来说是有价值的？他最在意的是什么？他喜欢的方式是怎样的？什么程度是他能接受的？他对于安全感、自尊等怎么看待？他的内心，此刻最需要的什么？不是你认为的，而是要真正地走出自己的世界，走向他，看见他的内在。

不能懂得他人的另外一个结果就是他人的爱被我们拒之门外。我见一些人对于这个世界可怕的描述，在他们眼中，世界上只有两样东西：自己和利益。他们无法相信爱，觉得人心可怕，觉得人们之间永远无法交心。他们对于他人对自己的辜负而感到一次次绝望，对于他人对他们的伤害而一次次封闭自我。

爱从来就不曾消失。我们不懂他人，也说明我们不懂得爱。他人的学习能力和经验都十分有限，他们和我们一样都在用自己的方式保护着自己，然后在此基础上小心翼翼地付出着爱。他们不能对我们全心付出，不代表他们没有爱。他们不能用我们的方式来付出，不代表他们对我们没有爱。

我们对于他人的失望，来自于一个期待：期待他人能用我们的方式来给予我们爱，安慰我们，支持我们。希望他人懂得自己，照顾到自己的感受。能满足我们这个期待的，我想只有我们的妈妈。

懂得就是发现爱的过程，他人也有能力局限，他人也有视野局限，他人给了的或许不是我们想要的东西，但是你拨开层层防御后，你会看见里面躺着的爱。

这种懂得就是：他的世界是怎样的，他在爱自己的时候也同时爱你。他付出了几分爱给你，为他给出的这部分爱，表达感激和感动。

懂得也最怕自以为是。

有些懂得我们容易看透，有些却难以被捉摸。懂得至少发生在三个层次上：第一个层次是在现实层次的需要，他需要怎样的帮助，需要怎样的支持。这个是有形的，我们很容易看到，也很容易给到。第二个层次是他用什么方式维护自尊，他需要怎样的感情支持。这个是无形的，我们容易忽略，但却影响甚大。第三个层次只有真正爱他的人才可以做到：他要用怎样的方式将自己的灵魂分享给你，让你与它同在。如果你能在第三个层次上懂得他，那么你对他的爱不论以何种形式都能被接受。

我们对于自己也是如此。我们容易懂得自己的现实需求，我们可以通过努力去获得。我们却常常忽视也容易被情感需求困扰：他人无意的动作怎样触动了我们，我们为何轻易被伤害，我们有着怎样的情结，有着怎样的行为模式。当我们懂得这些后，就能小心避开自己的脆弱和盲区，不轻易被伤。如果我们能照顾到自己的灵魂，能懂得自己内心深处的想法，我们就能和自己愉快相处，那就是怡然自得。

女人常说的安全感，是什么

如果你问一个女人，她在爱情中最想要的什么。你得到最可能的答案并不是爱，而是安全感。那些号称真正想要的是爱的人，也多半是因为安全感得到了满足进而追求爱情。

“我很没安全感”就是一句随时会从女人嘴里冒出来的话。然而安全感到底是什么，真值得说一说。

实际上没有人不追求安全感，尤其是女人。自从人类“被出生”以后，就感受到了安全感的匮乏。

是的，人类是被出生的。当婴儿呱呱坠地的时候，他已经开始学习着想尽办法在这个世界上活下来。世界不是子宫，需要自己呼吸，自己咀嚼，甚至自己觅食。

偌大的世界，有着太多的不确定，而他的能力又太有限。在出生之初，他需要有个强大的、懂他的、能满足他的力量来保护他——母亲。这种被保护的感觉就是安全感。

如果妈妈做得不好，不能无条件的、随时给予他保护和满足，那么需要的来源就会陷入不稳定，孩子就会产生恐慌，也就是不安全感，不确定这个会满足自己的因素是否能随时满足自己。

如果这时候孩子哭了妈妈能满足，孩子就学会了通过努力是可以得到的。如果哭了还得不到满足，那么人就学会了其实努力了也不一定能得到，甚至会认为自己不值得得到。

那时候的妈妈就是整个世界。人长大后，对世界的印象也就成了不能绝对保护和满足自己。

缺乏安全感的本质就是害怕。害怕自己被抛弃，害怕自己有危险，害怕自己不值得被满足，而自己又无力面对这个世界。

当女人长大，妈妈已经不能再给她这样的满足。于是她需要从其他地方获得：工作、男人或者其他。

然而无论女人怎么要强，在目前社会现状下，始终是相对男人有所弱势。这就意味着女人需要更需要他人和环境来满足。因此女人更在意体制内的工作和“爱我一万年”的男人。这两者都可以给她很好的保护。尤其是男人，一个能够拥有雄厚资产的男人会给女人物质上的安全感，一个能够承诺并且传递出承诺的男人会给女人精神上的安全感。

当然，相信这些可以保护到她的女人，本身就已经有了一定的安全感。其实真正缺乏安全感的女人，是不相信这些可以保护到她的。

于是她在生活中会小心翼翼，会特别在意攒钱、囤物，以备不时之需；会用各种方式试探男人，来证明到底他爱不爱她；会通过男人是否会为她买礼物、是否记得她生日等条件来验证爱是否还在。她们不相信人和东西一直会在，随时会有。

她对安全感的过度追求是劳累的，小心翼翼的，如履薄冰的；也是孤独的。她需要时刻保护自己，验证外界是否能给她安全感，不能把自己全然交出去，不能大方坦然地活着，她必须留下一个心眼来保护自己。

当她验证失败，就会仇恨别人，就会离开那个其实爱她的男人或者自我封闭。因为她“不热络，不破碎”“不希望，不失望”，她会更加没安全感，更加不相信他人，更加坚定地认为“只有自己才能保护自己”。

实际上，一个再爱她的男人，也经不住她那些莫名其妙的证明，证明着证明着，男人就累了：既然你不相信我，那我就真的抛弃你。

这就是心理学里著名的投射性认同：一个诱导他人以一种限定的方式来做出反应行为模式。即你不相信他会一直爱你，你最后总能把他变成不爱你。

我见过很多这样的女人，当男人回家晚了或者跟某个女同事发了个微信，她就紧张不已，问个不停。最后让男人说出了：“你再这样下去，结果只有离婚。”于是又触动了女人“可能被抛弃”的不安全感的神经。

如果你说男人应该照顾到女人的这个不安全感啊，那你就是想当然了，对于这类过分追求安全感的女人来说，没有几个男人能做到长年累月每时每秒都那么有能量，能敏感到像妈妈一样随时关注到她的需求，热恋的时候或许可以，但一辈子就不可能了。

因此我们说，一个没有安全感的女人，最后难以幸福。不仅因为她在工作中会小心翼翼，难以有起色，更因为她在爱情中会草木皆兵，生怕对方离开或不爱自己。

真正能带给我们安全感的，并不是找到一份好的工作或者一位如意郎君。即使有一个“铁饭碗”，即使那个男人非常爱你，即使你非常相信他，如果你的内心依然有超过 50% 的需求需要他们来满足，你都是危险的。一旦他们表现出不能满足你的迹象的时候，你就会启动所有的挫败机制：完了，天要塌了。

你需要换一种方式来满足自己对安全感的追求，即从自身获得。

安全感首先来自自信。自信是一种感觉而不是拥有。一个有技能的人，从来不会担心害怕没工作，一个有魅力获得爱的人从来不担心没对象这回事。一个懂得伴侣且能够付出的人从来不会担心伴侣会抛弃自己或出轨。这是对自己的一种自信，相信自己对伴侣的重要性。

这种自信当然不是盲目展现魅力。即使你花枝招展，依然有其他女人比你更妩媚，你很容易被替代而没安全感也很正常。这种自信来自对伴侣的了解，没有人会比你更懂他，更能抚慰他的心，所以他决不会也不能离开你。

这种安全感也来自相信爱。爱虽然会来也会消失，但爱不是证明来的。即使看到了很多黑暗，依然相信世界上存在爱，存在善良。爱是相信自己正确的付出必然会得到回报。

安全感更来自敢于欣赏的心。从来没有什么能让人绝对安全，除了自己。但从来也没有什么让自己绝对危险，除非自己。安全感就是愿意看到好的一面，欣赏拥有的，不计较没有的。那么你拥有的就会越来越多，也会越来越幸福。

安全感必定是自己给自己的，自己才是那个最能保护自己的人。安全感只是一种感觉，你相信，它就在那，不曾离去。

第四章

享受与他人的相处

用更简单，安静和沉静的内心
对待生命中的每一个人。

别人不是你想的那样

1

人际交往，都是有模式的。你可能习惯讨好、害怕、照顾人、强势等，这些都是你的模式。

我们如何开始一段关系，如何与人交往，不是取决于他是什么样的人，而是取决于我们认为他是什么样的人。

我们在与一个人开始互动前，就已经开始了对他的假设。我们根据自己的假设决定了害怕他还是相信他，是照顾他还是向他索取。

比如说，你假设一个人可能拒绝你，你就不敢提要求。但是你假设一个人会满足你，你就敢提要求。

你所有的对他人的感觉，都来自你的经验。你觉得别人会怎么对你，实际上是因为你小时候被无数次这么对待。也就是说，长大后，你会错误地以当年对爸爸妈妈的态度对待别人，错误地把别人都当成了和爸爸妈妈一样的人。

2

为方便表述，我把爸爸、妈妈以及其他非常重要的抚养人都称为妈妈。

在小孩子的感受里，妈妈的姿态分为三种：强大的、软弱的、平等的。

在小孩子的感受里，妈妈的态度分为三种：冷漠的、危险的、安全的。

面对不同的妈妈，小孩子就要学会不同的生存方式。

3

如果你有一个强大的、危险的妈妈。

这个妈妈可能经常批评你、指责你、嫌弃你，让你特别担心会随时被她指责，这种担心的感觉就会被存储下来。那么你长大后，在跟别人交往的时候，就会特别担心并介意别人指责你、批评你。

别人可能并没有这么做，但是你首先就会听出来指责、批评与嫌弃。别人对你的一点儿指责与嫌弃，你就会敏感地放大 100 倍，你会觉得非常受伤，不理解他怎么可以这样。

你会期待遇到一个人能够 100% 地接纳你、肯定你，你受不了别人对你的一点指责和嫌弃。

如果这个妈妈经常控制你、强迫你、要求你，让你觉得随时在被要求。你就会把指责感觉储存下来。你长大后，就会对别人的强迫、要求非常敏感。

别人可能只是随便一说或者什么都还没做，你就觉得他在强迫你，让你非常反感。别人什么都没说，你就觉得他可能对你有要求，让你非常紧张。

人际关系中的紧张，很多时候都是我们假设了别人对我们有期待。我们怕自己满足不了他。

我们课里就有这样一个同学，我们不关注他时，他很活跃。但我们一关注他，他就开始紧张。探索发现，当他被关注的时候，他总觉得我们对他有期待，希望他能说出点精彩东西来。实际上就是因为他小时候，妈妈的关注总是带着要求的。他长大后就会觉得别人的关注，都带要求。

妈妈可能很强势，她的声音很大、脾气很暴躁、情绪不稳定、会打你，让你随时处在被恐吓的状态里，你就会储存下“别人很强大，我很弱小”的感觉。

你长大后就会特别容易害怕别人，对权威有恐惧，害怕强势的人、说话大声的人、在吵架的人。即使这些人和你没有关系你也害怕。因为你潜意识里总感觉他们会惩罚你，对你有危险。你会自动把自己放在一个弱小的位置，把他人放在强大的位置。这时候你就会自动启动保护策略：强势、讨好或躲起来。

强势，只是为了掩盖虚弱的自己而做出的夸大呐喊，只是为了保护自己不被欺负而先展示力量，为了避免被攻击而先攻击。

讨好则是，只有把这个强大的危险的人哄好了，照顾好了，你才会觉得安全。

4

如果你小时候有一个弱小的妈妈。她很多方面都需要你的照顾。她有很多自己完成不了的事情，需要通过你的帮助和参与才能完成。比如照顾这个家，照顾弟弟妹妹，照顾爸爸妈妈，做很多家务等。你从小就需要学会做强大的自己，做妈妈的“妈妈”，这时候你只有照顾好家人，你才能活下来。

那么在你的潜意识里，就会形成“我是很强大的，别人都是很弱小的”印象。长大后，你跟别人交往，就会不自觉想去照顾别人，替他考虑，替他做事，替他操心，仿佛别人没有能力照顾自己一样。而你就像大哥大姐，不需要人照顾，不需要人爱。

可是你没有需求吗？你有。然而你不相信有人比你更强大，不相信有人能照顾你。即使有，你也不觉得自己值得被这么强大的人照顾。即使你被照顾，这种被照顾的感觉太陌生你也会想推开。

5

如果你有一个冷漠的妈妈，她把工作、家务、自己的事情都放在第一位，而你永远被放在末位，甚至不重要到被寄存到其他地方。即使她嘴巴上说爱你，给了你吃的喝的用的，生活上把你照顾得很好，但是她情感上就是不关注你，就是冷漠，她就是要陶醉在自己的世界里或沉迷于其他的世界。

那你的潜意识就会储存下“他人都是冷漠的，我是无所谓的”感觉。长大后，你跟别人来往的时候，你就会觉得别人不会把你放在重要的位置上，会随时离开你。无论他怎么向你表达爱，怎么重视你，你都会觉得他会随时离开你。你会不相信爱情，不相信世界，总觉得这个世界会抛弃你。

6

如果你有一个强大的、安全的妈妈。妈妈对你来说是安全的，稳定的。当你有需要，她愿意满足你。当你有危险，她愿意保护你。当你难过时，她愿意安慰你。她还那么有力量，让你格外觉得世界里有了一个支撑。

那么你长大后，你也会觉得别人都是这样的。所以当你开始认识一个人的时候，你就会觉得他安全而强大，你自动化地先相信他能满足你，你就觉得需要他，想去主动依赖他，寻求他的帮助。

一个人能深度信任别人的能力，来自他早年有值得被信任的人。如果你有一个跟你平等的安全的妈妈，她就像你的朋友一样。她跟你很聊得来，连接很深，态度很随和。你长大后，你就会觉得别人也是这样的人。你就能很正常地跟别人打闹、聊天。

如果你有一个跟你平等的、危险的妈妈，她就像你的兄弟姐妹一样，你们经常有冲突，但是有时候你赢，有时候她赢。你长大后，就会发现这个世界上有很多困难，有很多看你不爽的人，但是你并不怕。你愿意去克服，敢于去挑战。因为你妈妈就是一个可以被打败的人，所以你相信他人和困难都是可以被打败的。

7

一个人长大后的主动能力，来自他假设他人是安全的。他相信别人是支持他、认可他、愿意满足他的。因为小时候妈妈就是这样的人。他长大后就觉得别人也都是这样的。

一个人长大后的被动，来自他假设他人是危险的冷漠的。他觉得别人会拒绝他、嫌弃他、否定他，会认为他无所谓。因为小时候他的妈妈就是这样的人，他长大后就觉得别人也都是这样的。

一个人的自信和勇敢，来自他相信自己是强大的，而问题和他人相对并不强大，都可以被克服，所以就愿意去尝试。他之所以这么自信，是因为小时候妈妈愿意听他的话，妈妈没有那么强大不可被征服，妈妈给了他很多成功的经验。

一个人的自卑和怯弱，是因为他假设了自己是弱小的，他人和困难都不好被克服，所以就不会去尝试。他之所以这么假设，就是因为他的经验里就是妈妈从来不向他妥协，他对妈妈的征服有太多失败，以至于他觉得全世界所有的人和事都是如此。

一个人的紧张，来自他假设了别人都是高要求的、严厉的、敌意的。一个人的放松则来自他假设别人是宽容的、友好的。

8

你长大了觉得别人会怎么对你，是因为你小时候被如此对待过。如果你长大后没有经历过其他大的创伤，那么这个模式就会重复。

你可以去反思下，当你跟一个人开始交往或互动时，你对他的假设是什么：你觉得他是强大的、弱小的，还是和你平等的？你觉得你们两个谁更有力量？他是会批评你、要求你、控制你、嫌弃你，像个坏权威一样，还是处处都需要你的呵护、照顾、保护，像个孩子一样？你觉得他是危险的、冷漠的还是安全的？你觉得他会伤害你、保护你还是无所谓？你觉得他会对你做什么？会怎么对待你？

我们看到自己的假设，就可以顺着假设发现自己童年时是怎么被对待的了。我们回忆自己童年怎么被对待，也就知道长大后会怎么假设别人了。

你就会知道，别人并不是你想的那样。你需要意识到这是你早年的经验，这并不是真正的别人。你要知道，别人和你的爸爸妈妈不一样。别人可能是严厉的，但没你想的那么凶猛。别人可能是无能的，但没你想的那么弱智。别人可能是冷漠的，但没你想的那么无情残忍。

那么，真实的别人是怎样的呢？当你放下自己的假设，认真去了解一个人，你才可能真正认识他，你也才能真正与他连接，与他产生感情。

因为爱一个人，首先要看到真实的他。

哪有那么多三观不合，吵架常是思维问题

1

吵架多以争对错开始。一开始只是想讲讲道理，指出对方的错误、不妥之处，后来讲着讲着就吵起来了。证明对方是错的越来越需要力气，吵架的级别也就越来越高。

其实吵架本身的事并不一定很大。可能是几点回家几点出门，可能是意识到自己错了不能承认，所以一定要找出对方错的地方来。

反反复复，都是旧药新吵。

家庭中，夫妻、父子、母子复杂的关系里争相上演花式争执。社会上，错综复杂的关系导致的争吵就更多了。

在吵架里，每个人都觉得自己是对的，对方是错的。可究竟，谁是对的呢？清官不知道，心理学家就更不知道了。

但我们可以去思考，为什么明明相爱的人，却要以吵相报呢？

2

前几天，一个姑娘跑过来问了我一个问题。

这个问题真是如晴天霹雳般点醒了我，完美诠释了为什么会有那么多家庭矛盾，为什么总有人要争个对错而吵架，为什么那么多恋人因为“三观不合”而分开。由此，我借以此文表达对这个姑娘的感谢。

姑娘问我：“老师，请问女孩子活得独立是好事还是坏事？”这个问题让我凝噎。作为不知名的心理专家，我是该说好事呢？还是坏事呢？

我知道无论怎么回答，都会显得我太业余。这就像是电影里要拆弹的时候剪红线还是蓝线，其实剪哪根都得完蛋。

这个问题本身就是一个陷阱，是个伪命题，它是一个一元思维的结果。女孩子活得独立，是好事。优点太多了：新时代的彰显，不依靠别人，自由，洒脱，任性，尊严。“活出自我”，多么美好啊。

女孩子活得独立又不怎么好，缺点也不少：不依赖，就得自己扛。慢慢地人就会焦虑、无助、迷茫、孤独，像是迷失在黑夜里独自前行，虽是自由了，可这个自由，你能享受多久？

不依赖也没有亲密，别人无法靠近你，即使你结了婚，也还是要在婚姻内孤独终老啊。

对错好坏，发生在不同的情境里、在不同人看来有不同的视角。有依赖的时候依赖，没依赖的时候独立，就很好。但有所依赖的时候不依赖，就有点浪费了。无所依赖的时候还不独立，就容易怨天尤人了。所以女孩子活得独立，既是好事，又是坏事。既可以是好事，也可以是坏事，这是二元思维。可这个回答依然是局限的，这个问题要在对事情的评判里作答了。

“女孩子活得独立”这事，是个独立问题吗？女孩子在什么时候开始思考“活得独立是对是错”这个问题了？被人嫌弃了，还是遇到喜欢的人了？想谈恋爱了，还是自我怀疑找不到对象了？

她为什么发出了这样的疑问？当她这么问的时候，她其实真正想问的是什么？跳出问题本身，能够对背景、动机等周边内容进行思考，就是多元思维了。

3

要把事情分为对错好坏，而且只有这一个标准答案，是我们的一元思维。所有的吵架，尤其是家庭吵架，都基于这个一元思维而产生：房间应该打扫干净；作业应该今天做完；人应该早起；碗一定要洗，最好是今天洗；人不能被亲戚看笑话；灯泡坏了就要及时换。

……

很常见的吵架中的话术吧。说的时候气势那么强大，一定是被爱情耽误了的好销售。

在一元思维里，事情的标准只有一个，我的标准就是世间通用的标准，因此，事情往我期待的方向发展，才是对的，否则就是错的。

事情只往这个方向走还不行，还得达到了我头脑中设置的这个标准，才是好的，才是对的，才是应该的。房间整洁度只有达到了我的要求，才算干净。你只有达到我要求的工作量，才算勤劳，否则是懒惰。如果你没有让事情按照这个标准发生，那么你就是错的，就是不好的，就是要改的，就该被惩罚。

两个都用一元思维思考的人，而且还不一样。家庭“战争片直播版”就上演了。战争结果是：谁有力量，听谁的。

家庭就是这样，咱俩谁能吵过谁，谁能斗过谁，就听谁的。因为“对的”这个奖章，属于更有力量的那个。我们的潜意识认为：谁强谁有理。在一元思维里，只有我是对的和你要听我的。

4

能够成长的人，会从两面看问题：既对，又错；既好，又坏。这就是二元思维，能从两个角度看待同一个问题。

不再偏执于对或者错，而是知道：世间上没有绝对，每一件事情都有好坏面。A 有好的一面，也有坏的一面。−A 也有好的一面，也有坏的一面。

洗碗是好事，不洗也是好事。攒多了再洗也挺好。再不洗于是买了人类发明的洗碗机。全换成一次性碗不用再洗也是种活法。

打扫房间是好事，不打扫也是好事。从某种意义上来说，爱打扫的人大都伴有不同程度的焦虑、躁狂和强迫症，很难有时间静下来思考人生和认真学习。而人类历史很多伟大的创造是房间凌乱的人带来的。

即使是太阳升起来了，也有好有坏。对万物是好事，对不想起床的我就不是什么好事了。

当我们进入二元思维的时候，你就会感觉每个人在他自己的观点里，都是对的。在他的视角来看，因为是对的，所以在坚持。

这个世界上也不是你对我错、我对你错的逻辑。而是“都对”，你是对的，我也是对的。当有两个对，并且能切换视角的时候，你会发现原来争吵的问题，就可以带着理解和认同来解决了。

当一人的观点被认同的时候，他才有了静下来跟你沟通的可能性。

5

除了这些，还有多元思维。多元思维让我们跳出事件本身，从不同的角度看待事件。

当他指责你“碗怎么没洗”的时候，他在用一元思维思考。而如果你也用一元思维思考，觉得“我不想洗就不应该洗”，就吵起来了。

你用二元思维思考的时候，就能大方去承认“是啊，碗没洗”。你不觉得这是一个错，你就不因心虚、理亏而反驳。你能认可他说的也是对的，就不会生他气，所以你们就有了沟通的可能性。

当你用多元思维思考的时候，你就发现除了洗碗的对与错，洗碗本身也是在表达其他的内容。比如说：

①老子今天不爽，挫败感特别强烈，就是想找个事发泄下。什么事呢？刚好碗就撞我枪口了。

②最近过得很委屈，孤独而苦闷，就是想被人哄。你又不主动来哄我，我又低不下头求你哄，甚至不知道我需要被哄，只好找个事拿个高姿态了。

③明天我有朋友要来，万一他们看到我们家碗没洗怎么办，多丢人。好焦虑，你为什么不替我分担？

④你到底还爱我吗？到底有没有责任心？到底在乎不在乎这个家？你倒是洗个碗证明下啊。

在多元思维里，事情不仅有一种视角，更有象征、动机、原因、情绪、背景等其他视角。我跟你为这个事而吵，其实是因为别的事。我在乎的是其他的说不出来的、意识不到的内容，这个事只是个出口和表象。

所以在多元思维里，人们除了关注事情本身，更关注事情的周边。当你能够用多元思维思考问题的时候，你将变成一个思想深邃、心胸宽广、思维独特的人，人格魅力上升几个档次。

如何运用多元思维？

①去思考对方为什么要跟你争论这个事情的对错。他发生了什么？可否去关心他？

②去思考自己为什么要去指出对方哪里做错，我发生了什么？我可否一致性表达下？

6

每当你想去争对错，或者指责、自责，不如去思考：此刻，你的思维在哪个维度里？是否有可能，改变自己的思维方式？打开你的脑袋，它不会开花，它只会让你的世界更宽广。

他不满足我的需要，我该怎么办

当你需要一个人，他却不能满足你。世界上还有比这更让人抓狂的事情吗？

需要他爱你、陪你、重视你、关心你，需要他跟你有点“灵魂”交流，需要他能给你点“高质量”时间，希望他做到你所谓的“基本”的需求，需要他听你的，做你认为“正确的”“应该的”事情。然而你发现他就是做不到。

你生气、威胁、分手、挣扎、自残，你用尽了方法。可他依然无法满足你，即使他勉强满足了你也带着满腹委屈和不情愿，让你更抓狂。

有需要是正常而且健康的，人活在这个世界上，总是需要外界和他人提供给我们生存所必需的粮食、关爱与安慰。我们不可能所有事情都自给自足，我们必然需要别人。

只是，当另外一个人无法满足你的需要的时候，除了放弃和愤怒，你还可以为自己做点什么呢？

满足自己的需要，至少有四种方式。

1. 选择合适的方式向伴侣要

有需要是没有问题的，问题是你可能用错了方式。如果你懂得选择合适的方式去表达需要，你会得到更多。有 4 个小方法：

①一致性表达

你使用愤怒的方式表达自己的需要，被满足的概率就很低。愤怒是一种表达需要的方式，然而“被愤怒”的人，很少能即刻识别到你的需要。

人在“被愤怒”的时候，更多的时候只想保护自己而看不见对方。

你责怪对方“为什么不买花给我，我很生气”，不如直接表达“我希望你可以买花送我，这样我会很开心”更容易得到满足。

你责怪对方“为什么总是不回我消息”，不如直接表达“我希望你下次能及时回我消息，这样我会感觉到被你重视”，更容易得到满足。

一致性表达自己的需要虽然不一定会被完全满足，至少会增加被满足的概率。

②交换

想得到，就先付出。这种古老的方式，其实会让你得到更多满足。

那些希望对方多认可自己的人，你会发现他们经常批评对方而很少表扬。那些希望对方尊重自己的人，经常控制对方而很少尊重。你想要认可，可以先去认可他。

那些希望对方多陪自己的人，其实很少会陪对方。陪伴的意思，并不是我们俩待在一起，而是我希望你陪我做我喜欢的事。你会发现有这种需求的人也很少会陪对方做他喜欢的事。你想要陪伴，可以先去陪伴他。

你想得到什么，你就先付出什么，先为对方做。这样的方式，会让你得到的容易些。如果你都没有能力为对方做，那你在索取的时候，是否可以少一些理所当然呢？

更高级一点的付出，就是付出他真正想要的东西。你得先识别他真正的需要是什么，继而愿意去满足他。当他感受到你的爱后，会愿意为你做更多。

③选择合适的情境

人在表达需要的时候，通常会不分情境地索取。有时，就像一个饥渴的婴儿，你不马上满足他，他就会暴怒。

很多人会对伴侣的这种咄咄逼人、黏叨、粘人、强浓度索取感觉到窒息，特别想逃走，也会对伴侣这种不分情境的索取感觉到无奈。

假如他们能忍个片刻或几天，能在对方心情好的时候、想沟通的时候、方便的时候去索取，能够得到更多的满足。这种能力叫延迟满足能力。

成年人跟婴儿的不同，就是婴儿需要即刻满足，成年人可以延迟满足。

④接纳他人的局限

如果你坚持要100分的满足，你会掉入到愤怒、暴怒里。你会沉浸在“他为什么不爱我”“他为什么不愿意为我做”的想法里不可自拔。

想要100分的满足，实际上是对一种绝对满足的偏执。这时候你满脑子都是：我想要，我生气。这时候其实你什么都没享受到，除了一肚子气。

如果你开始相信并接受他人的局限，你才能停下偏执，看到其实他人已经给了一些甚至很多了。他可能给了30分甚至60分，他只是没有给你想要的100分。

当你放下100分的执着的时候，你就开始享受已经有的30分甚至60分了。当然这也意味着，你需要接纳剩下的那些，他真的给不了了。坚持要100分的好处就是保持他还能给的幻想，坏处就是其实你什么都没得到。

成年人跟婴儿的第二个不同，就是婴儿需要绝对满足，成年人可以接受部分满足。

2. 向另外的人要

如果你觉得你的伴侣无法满足你的某些需要，问“第三者”

要也是一个办法。

“第三者”我要加引号，因为他不是伴侣关系的破坏者，不是所有的他者都是出轨中的角色。

如果两个人进入恋爱或婚姻模式，他们四目相对，眼中只有彼此，那是一种非常危险的共生、融合关系。世上没有一个人可以完全满足另外一个人的需要，所以他们就会升级到相爱相杀里。

一段健康的情感关系，实际上他们既有融合的部分，又有独立的部分。对于独立的部分，实际上就是你有你的朋友和你的世界，他无法参与。他有他的朋友和世界，你无法参与。

你独立的部分与他人的交际，就是“第三者”。我们可以从那里获得很多满足感。

可以是一些朋友、亲人或宠物，当你受伤的时候、需要被安慰的时候、需要被帮助的时候，他们可以给你很多支持。

可以是喜欢的游戏或事业，沉浸在其中的时候，你会感觉到一种满足。

可以是心理咨询师。在他那里，得到了别人给不了的理解、陪伴与鼓励。

跟他者之间的满足与付出的界限需要一个良好的把握，保持自己、伴侣、他者都能接受的范畴就好。

婚姻存在的意义绝不是要满足彼此的所有需求，而是满足了一个人的核心需求，那么就是一段好的婚姻。其他次要的需求，我们需要他者来提供。

这里的他者，就是社会支持系统。一个人除了婚姻，还需要社会。

当然如果你真的厌倦了或对这个伴侣绝望了，他已经不能满足你的核心需求。你想离开他换一个能满足你的，也可以。

3. 向自己要

自己满足自己，也是满足需要的一种方式。自我满足，一共分两步：

①停止自我迫害。

如果你需要一个人肯定你、认可你的时候，你会发现其实骂你最凶的那个人，是你自己。你责怪自己不够好、嫌弃自己差，这时候你才会特别需要别人喜欢你，认可你。

你需要一个人陪伴你的时候，你发现其实忽视你最厉害的那个人，是你自己。你把时间给了家务，给了工作，给了忙碌，唯独没有给自己。你没有把时间留给自己，才需要别人把时间留给你。

你需要一个人尊重你，不要强迫你的时候，你会发现你是那个强迫自己最厉害的人。你总是在不断要求自己、应该这样应该那样。你使劲控制自己，才希望别人尊重你，不要再给你多一点控制。

如果你要别人为你做什么，你先停止向自己继续索取。

②做一点什么，让自己好受点。

爱自己，就是为自己做一点什么，让自己好受点。在失落的时候，抱抱自己。在需要被认可的时候，买个东西奖励下自己。劳累的时候，停下来歇歇。

如果继续问别人索取，既消耗你又无法得到满足。你是否可以停下来呢？停下来，此刻也许会让你更好受一点。

你想让别人为你做什么，能否先为自己做呢？你是否可以创造一个条件和环境，让自己得到更多的满足呢？

4. 与丧失和解

前面我们说了三种方法，无论哪一种，你会发现我们能得到的满足，永远是有限的。这个世界上，不存在绝对的满足。即使有，也只会是阶段性的或暂时性的，比如热恋期。

因此我们必须要学会跟无法被满足和谐相处。

如果一个人没有办法跟无法被满足和谐相处，他就会陷入偏执里，寻求各种方法去得到满足。他就无法容忍不被满足的寂寞，难以忍受这个间隙，会想尽办法去填充。最终在失败后，依然偏执，暴怒，怨天尤人。

这个世界本来就不完整，他人也是，我们更是。即使我们换10000个伴侣，我们也不过是从30分满足到了40分满足，我们依然要学会面对不被满足的感觉。不然痛苦不会降低半分。

这才是我们要修习的功课。这种功课就叫丧失。

当我们不再是婴儿，我们就失去了全能。当我们面对一个人，我们就必然夹杂着失去与得不到。与丧失的和解，就是接纳自己的局限，接纳自己的不完美。

那这四种方式我们该用哪一种？当我们的心理有了匮乏，当我们需要他人，我们该如何处理？

向自己要、向伴侣要、向他者要、与丧失和解，任何一种单一的方法，实际上都偏执。一个健康的方式，就是我能够使用自己的理性去评估，去感受，去选择，去综合使用这四种方式。

什么才是真正的爱自己。就是我愿意在四种方式里，每种都使用，并且组合出比较有利、恰当和舒服的方式，去让自己好受点，开心点，而不是执着于渠道和形式，我一定要怎么满足。

爱自己，就是自我满足吗？不全是。

向别人要不可以吗？不是不可以。

爱自己不是不问别人要，而是愿意选择更多的方式去满足自己；而是在尝试过更多的方法依然得不到满足后，愿意放弃执着，选择其他能满足自己的方式。

为什么你无法享受社交

1. 社交对你来说是享受的吗?

虽然不是每个人都渴望社交，但却有很多人渴望却做不到。尤其是在陌生社交中、心动的异性面前、遭遇权威的时候、谈话陷入沉默的时候、需要麻烦别人帮忙的时候等。

不知道你怎样理解内向。我们把无法享受社交，甚至无法正常社交的群体暂时称为内向者。外向者能享受社交，内向者却很难享受。作为一个内向者，不知道你是否经常有这样的处境：

①与人交往的时候，很难主动发起话题。

内向者心里明明点着一团火，一团能燃烧宇宙的火，却硬生生地让它熄灭，打了一万次鼓也爆发不出来，然后磨磨叽叽等着别人主动。有时候哪怕就是问个路，也不好意思。想了解下某人，想麻烦下别人，都不好意思，更不用说搭讪了。

外向者就不一样了，初次见面，主动说话，他们都能毫无压力。

②即使开启了话题，也很容易找不到话接。

内向者一遇沉默就慌张，接不好对方的话就紧张。对大脑进行了一万遍全盘搜索，就是搜不出该说点什么。恨不得把手里的纸团揉碎，手指掐出血来，手机划出个洞来。

外向者则说话像永动机，即使知道不多，也总能有话聊。虽然能侃这个特点不是每次都让人舒服，但这个能力还是让人羡慕。

③好不容易有话说了，身体也放松不下来。

内向者站在别人面前，整个就是一块钢板，杵在那。胖一点的话就是个树墩墩在那，纹丝不动。

而外向者能大胆表现自己，看起来很轻松自在，在人前十分放得开，唱歌跳舞开玩笑，不是有多专业，而是让人感觉很舒服。

④对于别人的否定、拒绝、不友善，能发挥的就只有敏感了。

内向者支支吾吾好不容易提出个要求来，表现了下自己，别人一个不善意的回应，“哐当”一声，“玻璃心”就碎了。对于别人的拒绝简直毫无还手之力。然后就回避社交了。

外向者则没有那么在意别人的眼光，以及别人的否定、拒绝。人家拒绝他，他就敢调侃人家“你这人怎么这么小气嘛”。先不管他们是不是装的，这个本事能装出来已经够强大了。

为什么会这样呢？

关于内向和外向，至少有 10000 种角度去理解，今天我们只是说其中一个角度。内向者跟外向者当然有各自的优势，但不是每个内向者都能时刻喜欢自己的内向。既然有的人渴望从内向变到外向，心理工作者就应该给他们找到一个方向，而不仅是说服他们：接纳，内向也挺好的。

2. 自动假设

在与人交往的时候，我们的大脑会自动产生大量的想法，自动对当下情境进行假设与判断，以对自己接下来的行为进行评估与指导，这些想法被称为自动思维。自动思维在我们大脑里大量存在，如果我们不刻意留意，很难意识到它们的存在。

在熟悉的、安全的人面前，所有人都会很外向，很放得开，内向者与外向者的差异并不显著。在不熟悉、不安全的情境里，内向者与外向者的自动思维差异就呈现出来。

差异主要表现在两方面：

①在交往前，看到对面的人，对他人进行了自动假设。

②在他人做出反应后，对他人的反应进行了自动解释。

与人交往前，内向者的假设是：

我的存在不值得引起他的注意，他有自己的世界，他的注意力、兴趣点不会在我身上。

我的存在对他是无所谓的，不被他欢迎的。

此刻我主动说话会打扰到他，我这么打扰他，他可能会生气。

他可能会不喜欢我这样的人，我实在没有什么值得他认识我的优点。

对于我的要求他可能会拒绝，如果我说的话不合适，他会觉得我不礼貌。

我主动聊自己的话，他会觉得我这个人以自我为中心，他会没兴趣，我主动聊他的话，他会觉得不耐烦，会觉得我侵犯他。

他可能会评判我、嘲笑我、对我百般挑剔、嫌弃我、对我不屑，他对我是不耐烦的，我做错了事或说错了话他就会不开心。

我主动会显得自己巴结他似的，显得我很卑微。

……

而外向者的假设则相反：

跟别人说话是件小事，不会给他带来打扰，即使我打扰到他，他也不会太介意。

这么个小忙，又不损失什么，他一定会愿意帮我的，即使他拒绝了我，一定是他有特殊情况。

真实的我是被他接受的，所以我可以表现真实的我。

如果我跟他说话，他是愿意回应我的；如果我主动聊自己，他就会更了解我，听我的故事他会觉得很好玩；如果我主动聊他的事，他会很愿意跟我分享他自己的故事。

如果他选择了沉默，他真是憨憨的可爱或太腼腆，并非对我不感兴趣。

我们是平等的，此刻如果我跟他说话，我对他来说是重要的，他具有基本的耐心、宽容与承受能力。

……

内向者会把他人无意识地想象成一个冷漠的、不欢迎他的、对别人没兴趣的、严厉的、毫无宽容心的、不喜欢被打扰的、会拒绝别人的、对别人零忍受的人。在别人面前，内向者会认为自己是卑微的，是不重要的、不起眼的、不优秀的、不被欢迎的人。

而外向者则会把他人无意识地想象成一个热情的、主动的、喜欢与人交往的、喜欢帮助别人的、有一定宽容心的、有一定承受能力的、能为自己负责的人。在别人面前，外向者相信自己很重要，认为自己与他人是平等的，自己值得别人认识。

内向者对他人的假设是带有敌意的，外向者对他人的假设是善意的。

这两者不同的假设，就会推动人做出不同的初步反应，让内向者不敢也不愿去主动跟人说话，让外向者敢于并能轻松主动发起话题。

实际上他人到底是什么样子的，除非我们得到了足够的确认，否则便无从得知。尤其是对于陌生人，他是什么样的人，他会有什么样的态度，他此刻的状态是什么，我们都不知道。

对于我们不了解他人的部分，我们就会通过经验来想象，通过想象来填补。

3. 自动解释

当我们走出第一步的时候，他人会给我们一个真实的互动。他人可能是冷漠的，也可能是热情的。这时候我们的潜意识就会再次根据经验来判断。

对于他人的冷漠：

这和内向者的认知是一致的。他的解释就是：这样很正常，没什么的，人本来就是这样的。我就是不够好不重要，所以别人才对我没兴趣。因为内向者早有心理准备，他们并不意外，并且进一步强化了自己的看法。内向者会把他人的冷漠和挑剔当成常态，是自己不够好的必然结果。

外向者则会认知失调，他假设的他人热情并没有发生。这时候外向者就会通过调整认知来实现认知平衡，他们会自动完成对他人的解释：他此刻冷漠一定是因为他心情不好；他是不是遇到什么事了；这个人是不是太腼腆了不好意思啊；这个人是不是有病啊，装什么装啊；这个人怎么这样啊。他会选择原谅或愤怒。因为外向者会把这个人的冷漠当成是对方的问题，非常态的个例。

对于他人的热情：

内向者会显得有些局促不安、非常不适应，有些紧张。这跟他们预想的不一样，他们认知失调了，不知道该怎么应对。他们就会自动进行解释：这次是特殊情况，这个人对我好得有点过。内向者就会紧张，想着该怎么表现好点、对人家好点以补偿人家对自己的好。

而外向者会觉得，别人对你热情才得是常态，理所当然。你也同样对人家就好了，大家都是正常人。

所以实际上真实的他人是怎样的并不重要了。重要的是我们怎么假设对方，怎么看待这个世界。

我们跟他人互动，就是这两步：

①自动假设。人们会自动把不熟悉的他人想象成一种样子。

②自动解释。即使对方不是这样的，人们会自动替他们解释为什么不是这样，以与自己原来的认知和谐。而不是修改自己的认知，看到真实的对方。

只有两个人进行大量互动，不熟悉的他人变熟悉了，人们才开始渐渐修改自己的认知，原来他是这样的人，原来他真的是喜欢我的或不喜欢我的。但人们对于这个世界的假设仍未改变，只是改变了对这一个人的认知而已。在遇到下一个陌生人的时候，他们依然像原来一样。

4. 经验决定想法

内向者和外向者为什么会有这样不同的假设呢？

人们对他人的假设认知，来自自己的经验。对人影响最大最深的就是来自原生家庭的经验。如果一个人小时候面对的爸爸妈妈是这样的：

对孩子很冷漠，没有兴趣；觉得工作、家务什么的都比孩子重要，不愿意多陪孩子；不喜欢自己的孩子，更喜欢别人家的小孩，觉得自家孩子不够好；对孩子不耐烦，每当孩子让他们不舒服了，准被数落；对孩子的错误、冒犯几乎零容忍。

那么小孩子就会内化一个充满敌意、严厉与冷漠的客体在自己的潜意识里。这个客体就会成为小孩子长大后与人交往的假设模板，当他在与人交往的时候，在未了解别人之前，就先把这形象投射给别人。然后自动退缩了。

如果爸爸妈妈给了小孩子很多支持、宽容与接纳，能原谅并接受他们不够好，能主动发现并看到他们，能在被需要的时候给予热情回应，小孩子就会内化一个好的客体到潜意识里。他长大后，就会自动假设别人都是好的，能够主动出击。

因此，内向者与外向者实际上是因为他们在童年内化了不同的客体。内向者内化了一个对自己不在乎、不重视、不友善的敌意客体。外向者内化了一个平等、宽容、尊重、和谐的善意客体。

敌意假设他人，可以让我们在被伤害之前保护好自己，但是也错过了很多温暖。善意假设他人，会让我们在遇到拒绝与挫折的时候感到失落，但也让我们能收获很多温暖。这两种假设，诱发别人对自己产生不同的态度，让两种人生路差异性越来越大。

你活成什么样子，别人怎么对你，取决于你怎么看待这个世界。

5. 调整自己

至于怎样调整自己就很简单了：

修改自己的童年认知。小时候爸爸妈妈是你的全世界，你没有机会深入接触别人。但是长大后，你要知道，这个世界虽然有冷漠，但没你想的那么冷漠。虽然不是所有人都对你有兴趣，不是所有人都会接受你的要求，但没你想的那么不堪。虽然你不是特别优秀，有很多地方都不怎么样，但你也不是你自我感觉的那么差劲。你也不是你想的那么不配引起别人的注意。

更简单地说就是：不要理想化别人，要学会看得起自己。

什么是好的陪伴

1

陪伴，是这个世界上非常美丽的一件事。世上最温柔的情话，不是“我爱你”，而是“还有我”。

好的陪伴，具有疗愈功能。

当你得到好的陪伴，你会感觉到温暖、踏实、放松和有安全感，你会想去靠近他、依赖他。

当你得到好的陪伴，你的心会慢慢打开，然后慢慢融化。你会觉得内心原来的一些恐惧、孤独、阴暗慢慢不见了，好像这个世界变得有意义起来，好像以前的人生从未活过。

你会觉得每天都很开心，充满力量。即使难过，也会很踏实，不会觉得害怕或有各种顾虑。即使害怕，这种害怕也是有力量的，也因为你可以想到另外一个人，就会变得勇敢起来。

在好的陪伴里，你不再孤单，不再无助。

然而不是两个人在一起，就能有好的陪伴。有时候身边明明有一个人，给你的却是糟糕的陪伴。

坏的陪伴，会伤害你。

当你得到坏的陪伴，你会感觉到有压力、压抑、不自在。你会感觉到与他相处好累，好想一个人待着，并骗自己说其实更喜欢一个人独处。你会感觉到尴尬、紧张、说不出的不自在，不如自己待着舒服，就会骗自己说其实是因为自己内向，不喜欢社交。

所谓的喜欢独处，还不是因为没找到能真正陪伴你的人。那么，怎么去判断一个人给你的陪伴是好的还是坏的。问你的感受就知道了：此刻，因为他的存在，你是变得开心和踏实了，还是变得有压力和压抑了？

2

并不是身边有个人就叫陪伴，也不是两个人共处一室就是陪伴。两个人在一起的陪伴，有至少三种状态：

①你陪我。

②我陪你。

③我们相互陪伴。

在陪伴里，一个是付出者，一个是接受者。

最好的陪伴，是我们互相陪伴。我们同时既是付出者，也是接受者。比如说我们都喜欢看某一部电影，都喜欢某一个明星，都喜欢做某一件事情，我们一起去做，然后分享，我们就既在补充对方，又在被对方滋养。

然而人不可能完全一样，不可能任何时间任何地方都有共同的爱好和需求，所以不是任何时间任何方面都能相互陪伴。

比如说男人很难像女人一样喜欢八卦、韩剧和逛街，妈妈很难像孩子一样喜欢积木、动画和泥巴。

这时候两个人还在一起，就意味着另外的状态：我陪伴你，或者你陪伴我。

我陪伴你，就是陪你做你喜欢的事，满足你的需求，说你喜欢听的话，聊你喜欢的话题。我的目标是让你可以轻松做你自己。这个过程中因为我的存在，你也变得更是你自己了。你陪伴我，亦然。

这就是好的陪伴。

如果我爱你，我会心甘情愿陪伴你。但是如果我恐惧，我就会委屈自己去陪伴你。我们有时候并没有接受别人陪伴的能力，没有敢于让别人陪伴的勇气，就会让别人的陪伴成为坏的陪伴，让我们觉得受委屈、有压力。

这时候，明明你在我身边，在陪我，却成了我陪伴你。明明你在陪我做事情，陪我聊天，但是我会怕你烦，怕你嫌弃我，怕你觉得我事多，我不自觉压抑了自己，就为照顾你的感受。

我怕看到你不开心，怕你对我失望，所以我的第一要务就是避免让你不开心，以你的需求为先，先去照顾你。

我怕伤害到你，所以我得压抑我的需求，不能轻易骂你，指责你。我在说我想说的话之前，必须要理性思考，要再思，三思，要不要说，怎么说，都要考虑你的承受力，避免伤害到你。

我怕说错了某些话，做错了某些事，会导致你的离开、生气、攻击，所以我要憋着，先保护我自己。

这些行为都在说：我要以你的舒服和开心为第一位去说去做，这样我才能觉得安全。我只有先照顾好你，我才安全。

当一段关系严重消耗我的精力，我就宁愿一个人待着，起码可以保护自己。

3

怎么给出好的陪伴呢？或者，怎么算好的陪伴呢？好的陪伴，有至少四个方面。

①接纳。

一个人在被接纳的时候，才会打开自己，这时候陪伴才会成为可能。

一个人在你面前，多大程度上可以做他想做的事，说他想说的话，表现他想表现的特点，不必有所担心、顾虑，就是他感受到的最恰当的接纳程度。

然而你接纳他，允许他，并不意味着他知道是被接纳的。一个人小时候，如果他做点什么事，很少得到妈妈的允许和鼓励，更多的是得到嫌弃、要求和禁止，他感受到的不接纳就会很多。他就自动理解为这个世界对他就是不够接纳的，也会自动先认为你不会接纳他。所以他在你面前就学会了伪装、隐藏、刻意。

很多妈妈以为自己是接纳孩子的，实际上孩子发现她的表达里经常是禁止，而不是允许和鼓励，那么孩子感受到的就是不被妈妈接纳。

因此，陪伴一个人，首先就是通过你的行为，告诉他，让他相信，他的一切，好的坏的，都是可以被你接纳的。

②以他为中心。

两个人在一起，都会有自己的爱好需求。陪伴一个人，就是暂时放下自己的需求，放下自我，放下自己的想法，去陪伴另外一个人去做他想做的事，以他的感受和满足为先。

对于善于讨好他人的人来说，这一点做起来比较容易。但是对于自尊心强的人来说，这些却显得很困难。

不要以为发表自己的想法就是对他好，如果让他不舒服，那你顶多算是对他好，并不会让他的心感觉更好。

③参与。

长大后，我经常觉得孤单，即使身边有个人。后来跟咨询师讨论的时候，我发现其实从小我就没有被人陪伴过。

我的小伙伴很少，因为我太笨，他们基本都不喜欢跟我玩。我也没有兄弟姐妹，只有妈妈陪我。然而妈妈的陪伴是这样的：

她做了妈妈该做的一切，生活上把我照顾得很妥贴。她会关心我是否饿着冻着，但并不会关心我是否快乐。我跟她玩游戏，她也会跟着做，但那种感觉就像是在摆弄一个玩偶一样，妈妈的心并没有参与。

很多超理智的伴侣和妈妈的陪伴，都在做着该做的事，负着该负的责任，但是你会发现，他们在外在做得非常到位，却没有心在里面。

陪伴，不仅是身体的陪伴、形式上的陪伴，也不是你做了该做的事，而是要带着心参与进来。是那一刻，你把我的事当成了自己的事，成了我的同盟，让我感觉到了另外一人的存在，而不是一个被摆在这里的布偶。

④鼓励。

我们内心深处有很多不确定，不知道该说不该说，不知道该做不该做。不是不想说不想做，而是充满了担心和恐惧：这可以吗？这对吗？这会给你带来伤害吗？这会影响我的形象吗？

好的陪伴，就是允许并且鼓励。告诉他这样是可以的，并且是被支持的。

鼓励和支持，会让我们感觉到力量和勇气，更加敢于做自己。

4

好的陪伴不是谁都能给的。一个内在匮乏的人，在给出好的陪伴的时候，内心就会有很多怨言："你没给我，我凭什么给你。""这太难了，根本不可能，做不到。""这样我就没有了自我，我不愿意。我不愿意为你放下自我，哪怕是暂时的。"

实际上，我们的确是不可能给一个人 24 小时全然的陪伴，因为我们有自己的需求和软肋。无论我们多么想全身心地爱他，我们也不可能全部都去爱，去陪伴。

其实，陪伴最理想的状态是：

当你想去爱一人的时候，想去陪伴一个人的时候，你给不了他 24 小时，你起码可以给他一段时间的高质量陪伴。暂时放下你的自我，去以他为中心，感受他的感受，发现他的需求，陪他去做他想做的事，接纳并鼓励他去做。

当你想有一个人陪伴的时候，你可以去寻找这样的人。世界很大，你可以找到很多，如果你愿意。虽然没有人能给你 24 小时全然的陪伴，但是能给你一段时间的，还是大有人在的。你也可以去和身边的人去沟通，说出你需要怎样的陪伴，期待他怎么做。

很多时候，爱我们的人，只是不知道如何去爱，并非不爱。这时候他是可以被教会的，哪怕只有一小段时间，这也足够给人巨大的温暖和力量。

如果实在没有人，起码你可以学会如何去陪伴。这样你可以让别人在体验中学会真正的陪伴。

你做不到真正的陪伴也很正常，因为你有自己的创伤，也那么需要别人的陪伴。你既然不能陪自己，也就很难去陪伴别人。那么，就去努力抚平自己的创伤，学会陪伴自己，再去真心地陪伴他吧。

拒绝是门艺术，如何高级地说“不”

拒绝别人，是一门艺术。

如果你很擅长，那不用往下看了，你很厉害。如果你是个拒绝困难的人，就有必要思考下，你通常在拒绝的哪个层次里。然后怎样可以学习，进一步提高自己拒绝的境界。

人活在这个世界上，总有人会对你有需求，或委婉，或可怜，或强硬。总有人无数次尝试突破你的界限，让你感觉到不舒服。不过提不提要求这是他们的事，而能不能拒绝则是你的事了。

当你对别人的要求感觉到不舒服的时候，最好的自我保护方式就是拒绝别人。

拒绝别人，有五种境界：

①不拒绝。

②代价太大而拒绝。

③找个借口去拒绝。

④不带理由的拒绝。

⑤反提要求。

1. 不拒绝

拒绝的最低也是最高境界就是不拒绝。不舒服的时候还忍着，委屈自己，通过自我强迫来成全别人。我想你已经见过很多人很擅长了。论对自己好，境界最低。论成就别人，境界最高。这个不展开讨论。

2. 代价太大而拒绝

总有人觉得自己拒绝困难。实际上这个世界上不存在拒绝困难的人，我们每个人都非常擅长拒绝。比如说："给丛丛打 100 万元吧。""你没有？那就给 1 万吧。"

"没有"，就是你拒绝我的理由。"不舍得"，也是你拒绝我的理由。所以你不是不能拒绝，而是你潜意识里写着一个限制你的信念：我能力范围内的，做了也没什么大的代价，就不能拒绝。

比如说，妈妈要求你给她每周至少打一个电话。虽然你很烦不想做，但你难以拒绝。但面对妈妈逼婚要你嫁给一个有钱人，你拒绝起来就容易多了。

比如说，老板让你加班。如果你下班后有追剧、约会、陪猫、健身等安排，你通常难以拒绝老板。如果你下班的时候突然脚崴了要去医院，你就会果断拒绝加班。

区别就是：前者你的拒绝原因不是很重要，委屈自己也没什么大的代价。后者的理由则非常客观，不拒绝的话你损失惨重。

你是不会拒绝吗？你之所以难以拒绝，是因为你有能力满足他人。当你知道自己满足别人代价太大的时候，你会比谁都懂得拒绝。

当你意识到自己能力有限的时候，你的拒绝就是真诚的，甚至毫无内疚。对方再坚持，可能你就会愤怒。

3. 找个借口去拒绝

当你客观上有能力满足对方，并且代价完全在你能承受的范围内的时候，你的拒绝困难就会升级了。你的感受告诉你不想满足他，可是你的理性又让你无法说出口。这时候你就会找个借口，拒绝对方。

借口不一定是说谎。而是你知道，那个不是真正的原因。

比如说对方约你吃饭。其实你不想，但你说不出口，你就会借口说今天没空，明天没空，下周没空，找一大堆理由，唯独不能直接说：因为我对你没兴趣。

比如说健身教练叫你去上课，你不想去，就借口脚崴了。教练说："没事，可以练上肢。"你又借口卡丢了，教练说："没事，我记得你。"你把这辈子能撒的谎都对教练说了，唯独不能真诚说出：我就是不想去。

一个朋友有次跟我说，他参加了珍爱网的活动。销售人员很亲切地拉着他聊了两个小时，邀请他赶紧办张正在打折的18888元的会员卡。他很烦，但硬是没走成。

当时我很好奇："两小时哎，很烦为什么不拒绝，还待那么久？传销，不让走？"

朋友说，他拒绝了。他说工资低，没那么多钱。销售就说可以用信用卡，分期。他说不急着找对象，销售就晓以利弊地证明媳妇再不找就没了。他说回老家相亲也可以，销售就开始分析老家的相亲质量怎么不行。他们这样来来回回，撕扯两个小时。朋友找了那么多借口，唯独说不出：我就是不想办。

面对别人的需求，困难的不是拒绝，而是要艰难地搜索大脑，编造理由。这时候人的潜意识里，有另外一个限制信念：我拒绝你，就要有合适的理由。我没有合适的理由，就不能拒绝。

所以当你难以拒绝的时候，其实是因为你自己理亏而心虚，觉得不应该拒绝别人。

找理由拒绝别人是有局限的。费脑筋不说，只要是借口，就有被别人攻破的可能。出招，就会被拆招。直到你所有借口都站不住脚，你再也无法拒绝，你就又从了。因为你并不是客观上无法满足，而是主观上不想满足。

找理由拒绝别人又是有好处的。最大的好处是回避了“我在拒绝你”的感觉。我不做，不是因为我不想，而是现实不允许。不是我拒绝你，是理由在拒绝你。

第二个好处就是这样我不仅不用满足你，还让你理解了我。我是有理由的，所以你要理解我，不要怪我。

这时候你给对方传递的信息就是：我其实是很想满足你的。你只要帮我把理由搞掉，我就跟你走了。

4. 不带理由的拒绝

拒绝别人这个事，理由越充分，拒绝地越坦然。当理由是客观限制的时候，拒绝得最坦然。当理由自己都觉得心虚的时候，拒绝得最没力量。

可是拒绝，一定需要理由吗?

很多事情，你发现找不到合适的理由拒绝，甚至觉得不该拒绝，但你就是不爽，不想做。那怎么办呢?

先讲一个前段时间很流行的故事吧。婆婆和老公都强迫媳妇不要养猫。

婆婆家不让养猫的理由当然很多啦。媳妇不开心，又找不到反驳的理由。跟亲妈倾诉吧，亲妈来了句：难道你还要为了一只猫离婚吗? 媳妇更无法反驳，他们说的的确有道理，所以她只能无奈地把猫送人了。

故事的结局之所以是这样的，就是因为媳妇说不出：是的，即使离婚我也不愿意放弃养猫，没有为什么。

好朋友找你帮忙、熟人卖给你东西也是这样的。你自身觉得不应该拒绝，却也无法找到能站得住脚的理由拒绝。好像找不到理由拒绝，自己就无情无义了。所以就会一次次妥协，并安慰自己不是什么大事，做人就应该这样。

再比如你答应过人家，然后又想反悔。你就是不想做了，但是又找不到反悔的理由。好像找不到理由拒绝，自己就是个言而无信的人了，所以就不得不去做了。

其实拒绝，并不需要理由。你完全可以直说：我不想做，我不喜欢，我不愿意，我反悔了。如果非要理由，理由就是：我不愿意，没为什么。

拒绝的第四重境界，就是要你真诚地表达“我不愿意”。

不带理由的拒绝，其实就是把拒绝的主体换成了“我”，而非“现实”了。这时候因为没有现实理由，所以就无法被攻克了。我不出招，所以你无法破招。

人之所以难以表达，是因为潜意识里的这个信念：我的感受和意愿都是不重要的。

没有理由的拒绝是有代价的。代价就是几乎断送了对方理解你的可能，并因此而感觉到你的自尊心受伤。过于善良的人就会内疚，好似自己这样就是个冷漠无情、不近人情、不守信用、以自我为中心的坏人了。好似这样会伤害到对方，自己是个施害者一样。

会内疚的人，是因为潜意识里有一个限制的信念：拒绝会伤害别人，而我不能给别人带来伤害。

可是，为什么不能伤害呢？我拒绝，你就会受伤的话，那我要为你的感受负责吗？你对我有需求，那你就要承担被拒绝的可能，你要为你的需求负责，而不是我为它负责。我的任务，是先照顾好自己。在我不愿意的时候，就要告诉你。

这时候需要破除的潜意识里更深的限制信念就是：别人对我有需求，我就要对他的需求负责。

5. 反提要求

以前我以为能任性说“不”的人，已经很厉害了。直到我遇到了另外一种人，我才知道拒绝还有比直接说“不”更高明的方式。

前几种拒绝都是在防御。拒绝的第五重境界，根本不需要拒绝，而是反客为主，对对方提要求，让对方陷入如何拒绝你和无法拒绝你的境地。这时候对方的主要任务就不再是如何要求你，而是如何拒绝你了。如果对方无法拒绝的话，那你还可以顺便“捞个便宜”。

因此拒绝的第五重境界就是：我不仅不会满足你，我还想要你满足我。我可以满足你，但你得先满足我一个更难的。如果你不先满足我，你怎么好意思要求我呢？

这时候既回避了“我不满足你”，又成功地拒绝了别人的要求。

一个朋友讲了他关于拒绝的案例，我听着拍案叫绝。他的朋友想卖保险给他。对方刚开始讲，他就打断了卖保险的话题：今天高兴，不要谈这些事了。来，喝茶。对了，你孩子那事弄得怎么样了？

一句话，提了三个要求：别说这个话题，喝茶，谈你的事。卖保险的人，就陷入了三难境地：要不要接受这个不说保险的要求，要不要端起茶杯来堵住自己的嘴，以及要不要暴露自己那不开心的事。

他使用了打岔的方式，将话题的重心进行了转移，转移到了对方身上，还通过“喝茶”中转了下，让对方从进攻变成了防守。

还有一个朋友拒绝熟人卖自己给保险的时候，他的处理方式是：“我很想买啊。只是最近在买房，还想找你借点钱周转下呢，你看……”他直接反转。把被要求花钱，变成了主动借钱。弄得卖保险的朋友不好意思再说这个话题了。

难以拒绝的人，都在思考如何拒绝。但是在第五种境界里，以退为进：我愿意满足你，我要加条件。从而让对方自己退去了。

人之所以不能反客为主，则是更深的潜意识限制信念：我是不能对别人有要求的。人真正不会拒绝的原因，其实是不会提要求。

这五种拒绝的境界，没有哪种更高级。真正的高级是灵活。

有些情境，就是不适合拒绝。所以你就是要委屈下自己，牺牲下自己，满足别人，以换得一定的利益或安全感。

有些情境，你无法满足别人，你就可以真诚表达自己的困境，告知对方自己真实的意愿。虽不满足，真心犹在。

有些情境，你就是要找个借口委婉拒绝人家，好保全双方的面子，不至于尴尬，好让关系犹在。

有些情境，你就是可以任性做自己，简单说出“我不愿意”。但你得准备好失去这段关系，并且承受对方的受伤。

有些情境，需要用一点套路，消耗一点智商和情商，让拒绝变得过瘾且美丽。

对于不同的人，拒绝的方式就是不一样，这就是灵活。你需要学习的，就是达到更加灵活使用这五种方式的境界。

我称之为“境界”，是因为随着人的心智不断成熟，拒绝的灵活度也会不断提高。

而让你的拒绝水平更加提升和灵活的方法，就是看到并破除你潜意识里这些限制性的信念。

下次，当你拒绝的时候，先看看你在哪个层次里。

我们之间的矛盾、失望和疏离

任何一段关系往往会产生很多矛盾。因为有时对对方失望而产生愤怒和委屈，有时候会控制不住地想跟对方吵架、暴怒，有时候则只想默默地离开他。

对一个人失望，真的是件让自己很难受的事情。

我们网课上有个同学，说她生病的时候和她关系最好的同事居然没关心她，她觉得这个同事自私、冷漠的本质暴露无遗，于是选择了默默地难过并疏远同事。

我们萨提亚课上也有个爸爸说，他总是控制不住打孩子，大发雷霆，虽然他很爱孩子。

我们也都见过太多这样的事情：恋人间因为对对方的某个特点、行为、性格失望，无数次想远离。好朋友间因为对方的某个特点难以接受而渐行渐远。即使他们之间还是很关心对方，也爱着对方，但依然遏制不住因失望而产生的想远离的冲动。

有时候我会想，为什么我们会对一个人失望？为什么小时候我们可以有那么多的玩伴，越长大却越觉得孤单，觉得没人能依赖，没人能懂自己，没有人能真正地陪自己。我们总是幻想着找到价值观一致的伴侣或朋友，却总是因为价值观不同而远离。

后来我也觉得：有能力对一个人失望，也挺不容易的。有能力对这个人发火，激发矛盾，有能力伤心，想默默离开，都挺不容易的。

因为这首先需要熟练地运用情感隔离的防御机制，也就是你得先把体会对方此刻感受的能力割掉。我们都具有感同身受的本能，看一个人受苦，会自动激发我们的慈悲心；看一个人在打针，会不忍心看；看一只小猫在瑟瑟发抖，会想保护它；看可爱的人和可爱的花，会充满了欣喜。

我们本来就具有感受一切的能力，这种感受力让我们的人生变得无比美好，因为万物的存在而感到欣慰。而你对一个人失望前，你就要先跟他完成情感的隔离，这样你才能忍心，才能看不到对方此刻的悲伤、无助和委屈。

不要说什么他那样无情、自私、冷漠的人，怎么会有悲伤和委屈。就连一个陌生人对你失望的时候，你也会感到难过，何况这个与你朝夕相处的人呢？

情感隔离的好处，就是我不去感受你的感受，这样我就不会内疚，就能对你继续隔离了。

如果我能感受到接下来要对你实行发火、远离等“酷刑”会伤害到你，我就无法那么做了。情感隔离就像一剂麻醉剂，好让接下来的“手术”更容易接受。是的，接下来我要对你“动刀”，在我使用这剂麻醉药后。

我只有对你情感隔离，才能忽视真实的你，忽视你的感受。好把我对理想客体的形象投注到你身上。我那么需要一个理想化的客体，可是我没有。我只能通过假设你是那个理想客体来实现这个幻想。这个过程就是把他人理想化的过程。

我们需要一个理想化的客体来满足我们自己，来以我们为中心，无时无刻不照顾到自己的感受，并能及时懂得我们的想法，适应我们的需求，满足我们一切的心理需要，让我们体验到子宫里的温暖。我们最大的幻想，可能就是让这个宇宙都以我为中心吧。

对不起，谁让你靠近我，跟我产生感情，我不对你动手能对谁动手呢？我一旦对你产生了情感投入，就像是投入了你的怀抱一样。你照顾过我、满足过我，我就会对你激发我所有的贪婪，想让你给我全部的满足。

这种情感连接太熟悉，就像是婴儿时期妈妈对自己的感觉一样。它激发了我们在前语言期对妈妈的感觉，所以我们会把这个人理想化为理想的妈妈。

如果当年妈妈没有给到我们想要的绝对关注，没有以我们为中心，我们就会一生在潜意识里怨恨妈妈为什么没有给我们足够的爱，就想报复她。长大后，任何一个让我感觉像她的人，我都会在潜意识里推动报复。

所以我要理想化你。一方面想向你要我想要的所有，一方面也不相信能得到。事实上的确是没人能给我想要的，所以我就要通过发火、远离你等方式来报复你。

如果这个人是自己的孩子、最爱的伴侣，我们的潜意识就更不会放过他。

理想化的时候就失去了客观。

也就是我在对你失望的时候，是要先情感隔离，然后理想化你，接着幻想向你索取，最后明知道得不到而进行报复。在我失望的时候，就会把这个现实客体所有的好都抹掉。

你以前对我的好，都一笔勾销。我们以前的情感，都不在记录里。因为此刻你对我不好，所以你整个人都不好。无论你以前对我多好，我都要假装视而不见，这样我才能安心地对你报复。

只是一旦我们陷入这个偏执分裂里，我们就再也没有办法体会到真实了。我们只能沉浸在自己的感受里，失去了客观判断的能力。

而客观却是：

①他既是个好人，也是个坏人。他对我有过情感输入，也有情感伤害。即使他此刻邪恶，也不代表他就不是个善良的人了。

②他并不是那个能百分之百满足我，实现我需求的人，也不

会围绕着我转，更不会因为我的需求而产生绝对改变。

③他跟我产生关系，对我的好，本来就是多余的。那既不是用我对他好换来的，也不是他欠我的。而是我们间自然情感的流露，没有 100 分，只有 60 分。

有能力让自己的视角恢复客观，也就是成熟的开始。同时，成熟又是丧失。

丧失就是知道你想要的这个理想客体，永远都不会来。你不再有机会将他转移到任何人身上来假装满足。你想要被绝对照顾、想体验绝对被爱的感觉，根本不存在。你妈在你很小的时候没有完全以你为中心，你这一生无论怎么努力和幻想，都实现不了了。很悲哀，不是吗？

当你愿意成熟，你也有能力维护好关系，在现实的基础上，让自己拥有更多的温暖与快乐：

①接纳。接纳你面前这个人是个 40 分的坏人。某种意义上来说，你所遇到的每个人，都是一个坏客体。他不能给你绝对的满足，永远围着你转。每当他不能围着你转的时候，你就会体验到失望、生气、委屈。但你还是要努力跟他在一起，不然你会没朋友、没恋人，真的一无所有。因为你潜意识里的标准，不会有人满足的。接纳他就是理解他不能一直围着你转，不能无条件满足你的所有要求，就是明白他也有缺点。

②尽量维护你的坏客体的好的部分，不要太计较。他有好的

部分，你已经是多得的了。你计较，是因为你还想幻想他以你为中心，这是你需要自己去做的功课。

③勇敢的情感卷入。当你失望的时候，你很容易情感隔离。但这时候你要对他进行情感卷入，看到此刻你失望的时候，其实他也有悲哀和难过，需要被你看见。你需要投入一定的情感去关心他。这并不是为了他，而是为了你自己。因为当你愿意给自己一个推动力，对着自己走出自己“无助的我”的感觉并走进他后，你就发现其实你们一直在一起，你想要的一直都在，你人性善良的那一面也不会让你再去残忍地无度索要。

④为自己做。此刻，没有人满足你的时候，你起码可以先满足自己。已经成年的你去抱抱那个如此需要被呵护被关注的童年时的你吧，去用心安抚他。

如此你就可以享受快乐。因为你可以安然接受他的忽视、缺点、冷漠，你能忍受他这些不好，你才能看到真实的他，才能跟他继续相处下去，才能看到他好的一面。也就是说，有能力忍受一个人带来的痛苦，才能享受一个人带来的快乐。

你受不了一个人不好的一面，怎么能享受一个人的好呢？

什么是真的付出

1. 付出不一定得到

付出就是为了一个人一件事而去做些什么，得到就是这件事、这个人给了我们什么。这两者看起来是相关的，但又不是绝对相关。因为我们有太多付出没有过得到，所以我们在工作中、关系中才会有这么多抱怨。抱怨老板、恋人、朋友对自己不够好，感觉自己付出了很多却没有得到他们的认可。偶尔也有得到却没有付出过，以至于我们常常感觉不应该得到或得到的时候惴惴不安。

其实，所有的得到都是有付出的，只是有时候我们意识不到我们的付出。所有的付出也是有回报的，只是我们付出的较多而回报较少罢了。

2. 我们对他人的付出，存在两个动力：外在动力和内在动力

很多人都认为：外在动力就是我付出的动力是你，想为你做。

当我是在为你做的时候，我就期待伴随着回应。这时候我把付出与得到做关联，画了等号。比如说我做家务、为你服务、照顾你，我为你付出这么多爱，你就要给我回应。如果我得不到，我就不付出了。如果这个世界允许不公平，那我更愿意这样：我少做一点或者基本不做，你就可以为我做很多。

这时候的付出，没有得到我们想要的回应，就会激发我们自我保护的愤怒，以抱怨、失望等形式展现出来。我们会觉得我为你做了那么做，你怎么能……

这里有两个动力会把人推开：①强迫。我们的付出带着期待，没有被满足而产生的抱怨、失望等情绪都是一种强迫，这种强迫就是你不按我的期待去做回应，我就要情绪给你看，你要么就在这接受我的情绪威胁，要么就离开。我想正常人的潜意识都想用离开来应对被强迫。②计较。想得到的付出里含着很多比较，在付出与得到之间默默比较，比如工作量和工资之间的比较，为爱人做家务与得到的赞赏之间的比较等，这些比较，其实就是计较。它们会被别人感受到而让别人想躲开。

内在动力则是我为自己而做，不与得到做关联。我做了是因为爱，是因为我想做，我开心。如果能产生了回报就是多出来的。这时候是我自己的动力推着我去做了。这时候的付出是不含太多期待的，甚至我们根本没有意识到自己在付出。

是的，很多付出我们都没有意识到在付出，因为那是内在动力的驱动。

有时候我们不去为别人做，反而觉得难受。比如说看到心爱的人在受苦，看到雪地里有人在推车，我们会毫不犹豫地去做些事情，来让自己心里踏实，因为我们心里有爱。

这时候我们得到了一些认可、爱、赞美，都是多出来的，我们都很欣喜。这种付出，只是从结果上看起来是付出，而实际上我们并没有选择付出，我们的第一动力是为自己付出。正如我写的一些文章，如果你看到了觉得有益，貌似是我在付出。但动机上，我首先是为了满足自己对文字的热爱。

实际行为中，我们与他者产生联系，是内在动力与外在动力的结合，它们同时存在，各占一定比例。因为我爱你，因为我想做，所以为你做。同时我也想得到一些回报和认可。但这两者比例协调不好的时候，就会出问题。

对工作和对他人莫不如此，我们爱的程度和需要结果的程度，决定了我们对于付出的感知。

3. 付出是因为没有了爱

先讲个被我改编了的故事：一天，一群小孩在一块空地上踢球，跑着吼着，不亦乐乎。结束的时候一个老人过来说："嗨，孩子们，你们在这里玩耍，真是带给我很多快乐，我很感动。为了报答你们，我想给你们每人 5 块钱，你们天天来玩好不好？”几日后老人说，收入下降，只给每人 3 块吧，孩子们勉强地踢了一个下午的球。再后来，老人说，只能给 1 块了。于是孩子们说：“只付出 1 块钱，就想获得我们的表演，没门。”

我们假设老人真的是享受孩子们带来的快乐的，那么孩子们的踢球就是对老人的付出。一开始完全是内在动力，是孩子们在享受踢球的乐趣。有了钱的介入后，动力开始产生转移。直到外在动力大于内在动力的时候，孩子们的付出动力已经完全产生了改变。这个动力的改变就把踢球这件原本快乐的、享受的事变成了一件很累的、为了结果的事。

很多人能共患难，比如患难夫妻，因为付出是为了自己的梦和爱。一旦发达了，却无法在一起了，因为付出开始变质了。

假如孩子们一直踢下去，我猜他们会有很大的抱怨：我这么累死累活地为你付出，你怎么才给我这么点钱。老人作为老板、恋人等付出对象的象征，他是会有很多不满意的，他会觉得跟你的关系开始疏远了。

那么，在什么情况下我们会找不到内在动力去付出，而用外在动力付出呢？

两种情况：内在的爱不足，外在的拥有匮乏。我们推导出了两个残忍的结论：

①当你在付出，却没有足量的内在动力，是因为你真的不够爱，才会无法推动你去做。也就是说，你在说付出了很多的时候，

实际上是在说“我不爱你”。所以才选择了把付出说出来，强调我付出了，生怕被你忽视了。我们为什么会强调一个事实呢？因为内在的匮乏。不是匮乏付出，而是匮乏爱。所以我要通过说出其实我付出了，是爱你的，以掩饰内心匮乏的爱。

②我并不相信你会爱我，不相信自己会得到，不相信自己值得，所以才会想通过付出的手段来得到爱。

总结起来就是：因为我不爱你，所以我不相信你爱我。可是我又想你爱我，我就要玩一点手段来得到。然而，我不想显得太自私，就要用不自私来反向掩饰。对于这样的人来说，以付出为掩饰最合适了。

这两个动力，已经足够把他人推开了。

4. 什么才是真的付出

心理学家常教人说：你喜欢苹果，他喜欢香蕉。你不要把将苹果给一个想要香蕉的人当成付出。

可问题是：如果我不够爱你，我哪来的香蕉？我这么缺爱，我想要的苹果谁给我啊？我给你苹果，只是因为我想通过付出来得到苹果。我连苹果都没了，哪有力气去拥有香蕉。

我们内心没有爱的时候，就会看不到对方的存在，而沉浸在自己的“匮乏感”里。我们会强迫自己给出的，只能是自己擅长的东西了。

当我们内心有足够的爱的时候，付出才是件自然发生的事情。因为那是一种自我满足。并且我相信，我的爱，足以照耀你。

真的付出基于三个方面：①我爱你、他，及我做的工作。②我爱着自己，欣赏自己，相信并提升我的存在价值。③我相信自己是值得被世界善良对待的。

第1个容易发生，爱就是爱，不爱就是不爱，感觉这个事，不好说的。

第2个对有的人来说是有些难的，它取决于你的自我悦纳和自我欣赏程度。

比如说，相信自己的存在就是一种付出，因为你的特质、经历、状态会带给别人很多安慰。接受别人的帮助就是一种付出，你的接受会让别人感觉到自己的存在而免于孤独，甚至会给别人成就感和付出的出口。

爱自己的意思则是我愿意去实现我内心所想，跟随着我的心去表达我的爱，尽量少去做些“应该”的付出。于是我做了很多事，但我并没有觉得我在付出，那并不是为你付出，那是为我自己内心的情感流动。

当我做完的时候，我觉得坦荡荡，舒坦。至于你回不回报，真的没多大关系了。也就是一个不缺苹果的人，才可能不记挂着苹果，才能看到对方需要的是香蕉。

第3个是你愿意相信你本身就是在被爱的，值得被爱的。所以你不需要通过别人做什么来证明，也相信自己的价值足以换来别人的爱，相信自己值得拥有别人对自己的好。因为你的存在，已经给了他们足够的意义。

根据这三个方面，你可以检查下你的付出是为了谁：我为你做了这么多，你怎么还不来满足我？我怨你；为你做这些事情，我实现了我心里的很多爱，我很满足，谢谢你。或者说：你是享受付出的过程呢？还是想得到结果？

没人能比你更懂得如何照顾你的情绪

人活着，情绪是不可避免的。有时候积极，有时候消极。但我相信的是，每个情绪都有它的积极意义，并可以被我们所用。但却不是每个人每个时刻都能发现它的积极意义，更难以用起它来。

上次在网课上，一个同学谈到，她喜欢的一个男生约她出来吃饭，竟然带了自己的女朋友还当着她的面卿卿我我，并且事先都没有通知她他带女朋友参加。

然后这个女同学就委屈啊，难受啊，生气啊，责怪男生为什么不早说，责怪为什么要在她面前秀恩爱。当然，为了呈现自己其实无所谓的大度，她还是选择了隐忍，默默地忍着泪吃完了这顿饭。

我们很多同学都发出了疑问："既然难受，为什么不离开。"我也问了句："既然有情绪，为什么不去照顾它呢？"她说："怎么照顾，我总不能冲他发火吧。"我就附和着开了个玩笑："既然难受，那就直接甩他两个巴掌吧。"

这是我们常用的两个应对情绪的机制：压抑，伴随着否认；

发泄，伴随着报复。

从礼貌的角度来说，当众发泄情绪是很不好的。她有着很多伤心、愤怒、委屈，但是既不允许自己哭，又不允许自己闹，甚至不允许自己有情绪。

她用很多理由来说服自己不应该有：人家那么做很正常啊，本来就是你自己的问题；人应该知难而退呀，何必自找没趣。很多人在安慰自己不该有情绪的时候很有一套：爱你的人不会让你受委屈，让你受委屈的人根本就不值得你那样。

可是情绪这个东西，有了就是有了，哪有什么正常不正常。

我们使用上面所说的两个机制应对情绪，这两个机制必然伴随着另外一个隐性的机制：我希望你来为我的情绪负责。因为是你没做好导致了我的情绪，我希望你能回到过去解决这件事以让现在的我没有情绪。其次我会期待你来做点什么改变，照顾下我现在的情绪。这个就不做过多讨论了。是他的原因又怎样呢？是你有了情绪，又不是他受苦。

我不建议使用压抑否认、发泄报复或要求别人来负责等方式来简单粗暴地处理自己的情绪。我始终觉得，作为一个成年人，我们在对每一件事情的处理上要看到至少三个选择才对。

习惯会把我们推向单一的路，但是觉察可以让我们解放、自由。

解决情绪的第一步永远就是觉察。此刻，我知道我有情绪，我看见我的情绪，而不是习惯性的发泄或压抑。第二步则是决定，决定我要如何去照顾我的情绪。看似简单的两个步骤，却可以把我们从习惯的枷锁中捞出来，重新塑造一个全新的自己。

对于情绪，我们有很多种照顾它的方式：

①延迟性发泄。我承认的确有些情境不适合发泄情绪，比如被领导或客户骂，比如说撞见前男友和他的新女友，但这绝不是要压抑下去。我们可以暂时压抑一小段时间，然后伺机发泄。我常常用这种方式，白天受了委屈，晚上就去打拳，然后“嘿嘿哈吼”地发泄一通，直到胳膊酸胀，才慢慢顿悟。

你也可以用跑步、大吼、找人倾诉等方式来清理不良情绪。我最爱健身的时候，大约就是想发火或者想哭的时候了。也不知道哪来那么大动力，我猜测估计情绪能是可以转化为体能的。因此有情绪了，你就去 Make yourself stronger and stronger 吧。

当然在暂时性压抑的时间里，你得照顾好自己，跟自己的情绪待会儿。就像你受了伤，送往医院需要点时间，但这个过程里你先照顾下自己，别再折磨和忽视自己吧。

②升华与竞争。升华就是让情绪成为积极的一个动力。我们的任何情绪，包括伤心、委屈、绝望、无助等，从本质上来说都是一种攻击。愤怒还是一种比较高级的攻击，有能力指向外在客体。

当这种情绪不能指出去的时候，就会反指向自己，攻击自己。

既然是攻击，就应该让它到有价值的地方去。

发泄和报复是一种攻击的表达方式，但这种方式不被社会规范所允许。升华就是把情绪的发泄规范到社会允许的范围内，比如说竞争，发愤图强。

我难过的时候就喜欢发愤图强。读大学的时候我常感觉到被舍友和同学忽视，这会激发我的被忽视的情结，让我很受伤，每当这时候我就暗暗较劲：我一定要好好努力，出人头地，让你们后悔当时对我的忽视。这也是一种报复，但是是被社会规范接纳的。

③处理旧有的伤。我们所产生的每个情绪，都不是单纯的当下事件导致的情绪，都伴有着幼时对父母未处理的情绪的怨恨和委屈。因为没有 100 分的父母，当时的情绪被储存了下来，每当有类似的情境出现，我们就会格外敏感，容易体验到被抛弃、被忽视、被否定等感觉而产生情绪。

你可以用理智去判断下，这个情绪是否是不合时宜的。这个事件如果能引起你 30 分浓度的情绪，3 分钟就可以消退。结果你有了 60 分浓度，1 天多了还记着，就是强度不合时宜了。你就需要慎重反思自己的移情了（移情：将过去对重要客体的情感体验不恰当地投射到了另外一个人身上）。

因为你的情绪已经在提醒你幼时的伤，需要被看见，需要去被重新修复。这就像我们的身体，用力一按是会痛的，但是如果特别痛，肯定是有个结在那里。因此每次的情绪也都在提醒你：

对不起，你有旧伤没处理。请处理完后再重新生气。

这也是长大的过程——心理年龄的长大。

④健全自由的人格。每个被留意的情绪，都值得被分析。每个情绪都有话要说的，它说了些什么，你怎么限制自己，潜意识怎么反抗，情绪都在一一提醒你。我们每周都在做这样的事情，分析自己，挖掘自己，看看那些限制是什么。

看见就是打破。比如说上面提到的这个同学，她的限制就是“照顾情绪就是发泄情绪”，而她是不允许自己那么做的，所以她想不到去照顾情绪。当她看到照顾情绪不仅是压抑情绪的时候，她就可以选择照顾自己的情绪，借口溜走，去哭一会儿了，而不必强忍到最后。即使是压抑，也可以看着自己压抑，等着过会儿回家发泄下，而不是去埋怨对方不照顾自己的情绪了。

事实上每次对情绪的探索和修通，都是一次次的打破自己的限制的过程，实现自由的过程。这就是成熟的人格的基本特征——自由。

再重复一遍：即使你付出了很多，委屈了自己，当你期待他人来照顾自己的情绪的时候，基本都是无效的，都不如自己照顾自己的情绪来得爽快自由。这就像是吃饭，别人来喂来照顾你，被喂得恰恰好确实很棒，但是更多的时候可能是不方便或不舒适。你不觉得自己喂自己更任性自由吗？

所以没人比你更懂得如何照顾你自己的情绪。因为这两个步骤，没有人比你做起来更简单：很多时候我们有了情绪还没有看见，就直接习惯性地做决定了，事后后悔。不如从此刻起，开始先看见，然后再做决定：你是要选择自己照顾自己，还是让他来照顾。要是自己来照顾自己的话，你就选择你最想用的方式。要是选择让他来照顾的话，你就得承担他可能不满足你的后果喽。

很多关系本身就是交换，哪有什么无条件

“我不过是想找个人全心全意地爱我，无论我怎样，都依然无条件爱我，与我有什么和我怎样无关。”

“难道人跟人之间就只有条件交换吗？一定要这么现实吗？难道就不能有两个人的友谊／爱情可以彼此不是因为交换，而是因为真心而在一起吗？”

我常听到这种抱怨，为什么不能给他无条件的爱，为什么不能爱他的全部，为什么爱要有条件或者交换。

以前读小说、看电视、听故事多了的时候，我也曾产生过这种幻想：多么想有个人可以给我无条件的爱，无论我怎样。后来随着慢慢长大，我很无奈地承认了一个事实：无条件的爱不存在，每份爱，每段关系，都是有条件的。

曾经我还天真地举例：太阳对大地的爱，妈妈对孩子的爱，都是无条件的。

后来我又一一把它们推翻：太阳爱你吗？太阳只不过是在做自己的事情，影响到了你而已。你对它做过什么呢？没有互动的爱，也叫爱？它暴晒你不管你感受的时候，也叫爱？妈妈会很爱

孩子无可否认，但是妈妈对孩子的爱怎么会没有条件。当小孩子学习好的时候，做对了的时候，听话的时候，妈妈的关心、表扬、亲近就会多很多，当孩子做错了的时候、学习差了的时候，妈妈就会责怪、批评。从孩子的角度来讲，爱是有条件的，当优秀了爱就多，当犯错了爱就少。无论妈妈怎么中立，她都无法做到中立不让自己的价值观影响对孩子的态度。即使她做到了中立，她也还是有条件的——条件就是，你是我的孩子，流着我的血，我才爱你。

爱是有条件的。假设这个结论成立，那么就有了我这次想讨论的主题——

①关系，本质上都是一种交换。

②没有交换，就没有关系。一旦关系建立，就意味着交换的开始。没有可交换的时候，关系就结束。

我还想说说交换的三个层次。

物质/现实层次的交换。你在现实层次上想得到某个人的某些东西，于是你靠近他，他补给你。

比如说你想获得某个职位、金钱、资源等。因为这对你有利，而你又很清楚你要的是什么，所以你就会主动或被动地去跟能给你这些资源的人搞好关系。

有的爱情也是如此，为了得到而结婚。这是赤裸裸的交换，是现实层次的。当这些交换不能满足你的时候，你就会失望或者自动化疏远。

情感/心理层次的交换。你在心理上有部分缺失了，可能你孤单，需要被倾听和理解；可能你无助，需要被安慰和保护；可能你害怕，需要被陪伴和连接；可能你需要被认同，需要别人给你赞美和表扬；可能你脆弱，需要别人给你鼓励和勇气。

总之，你在情感、心理的某个部位缺失了，你需要一个人补给你。当能够补给你的这个人出现的时候，你就会靠近他。这是情感/心理层次的交换。

一旦你看了心理咨询师，或者开悟了能够自己满足自己了，或者你找到了另外一个人更能够满足你了，你就不再需要当初这个人了，你跟他的关系就会疏远。当然，你可能依然对他心存感激，但也只是一种疏远后的感激。

精神/灵性层次的交换。俗称很聊得来。你跟这个人在一起的时候，很有共鸣。你们有共同的价值观，共同的兴趣爱好，共同的语言。

和他聊天的时候，就像是和自己聊天一样。这就是高山流水话知音吧。当他能够给你输入共鸣感，你就愿意靠近他，那感觉很舒适。但是这也是会变的，当随着时间的推移，你们的兴趣有转移，你们的价值观有变化，然后你发现你们可以聊得来的越来越少，于是也疏远了。

友情更是如此，和朋友的亲密与疏离，无不遵守此规律。其实爱情也是这样的，当“激情爱”产生，你们因为彼此的外貌、外在拥有等相互吸引，而后开始转换成“伙伴爱”：即是否能在第二三层次上有更多的融合和相互补给。

亲情某种程度上也是这样的，妈妈对孩子的情感补给显而易见，而其实孩子的存在，也满足了妈妈很多关于自恋、母爱付出、价值感等心理需求。而我们看到很多亲子关系在第三层上也能相互交换，他们就是亲密的亲子关系。

一旦他们产生强烈的冲突，在第二层次上也不能再交换满足，那么他们即使有血缘关系也会在心理上断绝关系。

一段关系的建立，可能各有所需，你们可能需要的层次不一样，但是各自能从对方身上获得满足，于是你们就建立了关系。第一个层次是意识层次的，人们知道自己在做什么。但是第二、第三个层次，常常是潜意识的，人们不知道自己在做什么。所以有时候会自动疏远了，反而感觉难过，会黯然神伤。不满足交换的条件后，就会自动疏离，不是你想刻意维系就容易维系的。

如果在这几个层次上开始失衡，即双方的交换不对等，也会趋向于疏离。这也就是你会看到，很多曾经要好的朋友，都慢慢不再联系。即使依然要好的，也是在第二、第三层次上没有怎么变过。很多海誓山盟的恋人，都爱着爱着就淡了。

所以脾气不好、性格古怪、总伤害人，并不一定是毁掉关系的原因。这只是第二层次的缺失和不能交换而已。如果你能给对方第一层次的现实满足，而且他刚好很需要的话。如果你能在第三层次上和他有共鸣、有交流，这个一般人都需要。你即使脾气再差，对方也不会太过于在意，顶多埋怨下，而不会没有了感情、破碎了关系。一个和你有共同语言，能够懂你的人，而且你心理上没有缺失，你是可以忍受这个人的各种奇奇怪怪的脾气的。

只是，如果你既不能在第一层次和对方交换，又不懂他的精神世界，又不知道对方所缺的是什么，那么你还想要对方在第二层次满足你，能够随时补给你“心理营养”，甚至要求他在第三层次上懂你。那，结果会怎样呢？

结果就是，你必然对他形成负担。因为他对你没有母爱/父爱一样的心，来通过对你付出获得自己的人生使命感。

但这并不影响我们依然期待对方可以无条件爱我们，希望拥有一段纯洁不功利的关系，无论朋友还是恋人。依然期待一个神一样的存在，可以无条件的满足我们，不离不弃。这就是全能感，我们幻想出来的神，然后把他来比较了我们现实中的关系。

那我们只能回到3岁以前去，寻找我们的妈妈。只有3岁前的孩子，才需要无条件的爱的。虽然妈妈那时候也是有条件的，条件就是你要乖、别乱哭。如果那时候你没有感受到过无条件的接纳，你可能一辈子都在寻找找这个东西，直到你意识到。

是的。当你意识到，你就有了选择的权利，你可以改变，并停止索要这个无条件的接纳。是可以改变的。

你可以创造你想要的关系，你也不必害怕任何关系的破碎。你不需要对方来给你承诺、保持稳定、不离开你来给你安全感。这不是你要求和索取来的，而是你创造出来的。因为关系本身就是交换，即你能满足他的时候，他也能满足你的时候，你们的关系就是永恒的，安全的，不破碎的。

前提当然是，你要去创造，而不是索取。这是一个成年人的基本姿态。

你要去看到，你所渴望的无条件的爱与接纳，是全能感的幻象，是你拿出了全能的神和你的关系，与你现实中的关系做了比较。

很残酷的是，我们的很多关系都充满了交换。很现实，很血腥，很不纯洁是吗？我想到了几种无条件爱的可能性：比如没有关系。只有没有关系，才会有无条件的爱，像是太阳对你；比如3岁前孩子对妈妈全能感的幻想。

如果，我们换个角度呢？正是因为关系本身是交换，才让我们有了选择和创造的可能性。或者说，交换本身就是纯洁。所以我们值得，也正拥有纯洁的关系。

如果，你依然渴望无条件的爱，无条件的接纳，那就为自己去创造。这个世界上，当人长大，就要做自己的妈妈，对自己不离不弃，无条件接纳自己，爱自己。而不是把不能对自己做的这部分投射出去，要求别人再来为自己做。

图书在版编目（CIP）数据

我真的很棒 / 丛非从著. -- 武汉：长江文艺出版社，2020.7（2025.1重印）
ISBN 978-7-5702-1510-2

Ⅰ. ①我… Ⅱ. ①丛… Ⅲ. ①心理咨询 Ⅳ. ①B849.1

中国版本图书馆 CIP 数据核字（2020）第064013号

图书策划：孙文霞　　责任编辑：张莹莹　孙文霞
责任校对：韩　雨　　封面设计：周延辉
责任印制：张　涛

出版：长江出版传媒 | 长江文艺出版社
地址：武汉市雄楚大街 268 号　　邮编：430070
发行：长江文艺出版社
北京时代华语国际传媒股份有限公司　（电话：010-83670231）
http：//www.cjlap.com
印刷：唐山富达印务有限公司

开本：880毫米 ×1230 毫米　1/32　　印张：8
版次：2020 年7月第1版　　2025年1月第9次印刷
字数：148千字

定价：49.80 元